Additional material to this book can be downloaded from http://extras.springer.com

ISBN 978-3-662-27682-2   ISBN 978-3-662-29172-6 (eBook)
DOI 10.1007/978-3-662-29172-6

Der Einfluß von Vanadin, Molybdän, Silizium und Kohlenstoff auf die Festigkeitseigenschaften, insbesondere die Dauerstandfestigkeit vergüteter Stähle[*).

Von Dipl.-Jng. Werner Holtmann.

Einleitung.

Nachdem P. P r ö m p e r und E. P o h l[1]) in Deutschland erstmalig darauf hingewiesen haben, daß Vanadin und Molybdän die Warmfestigkeitseigenschaften von Stahl erheblich erhöhen, sind Stähle, die diese Elemente entweder einzeln oder zusammen mit anderen, wie z. B. Chrom, Silizium, Nickel usw. enthalten, im Dampfkesselbau allgemein eingeführt[2]). Trotzdem sind unsere Kenntnisse über die Dauerstandfestigkeit innerhalb der Systeme Eisen-Kohlenstoff-Vanadin und Eisen-Kohlenstoff-Molybdän noch lückenhaft.

Die bisherigen Untersuchungen beschränken sich im allgemeinen darauf, den Einfluß von Vanadin und Molybdän bei gleichbleibendem, meistens niedrigem Kohlenstoffgehalt zu ermitteln. Daneben ist der Einfluß des Kohlenstoffs in unlegierten Stählen Gegenstand vieler Untersuchungen gewesen.

So wird nach H. J. T a p s e l l[3]) die Dauerstandfestigkeit durch Erhöhung des Kohlenstoffgehalts bei niedrigen Temperaturen verbessert, während oberhalb 450° kein Einfluß des Kohlenstoffgehalts zu erkennen ist. F. H. N o r t o n[4]) fand, daß bei 540° die Dauerstandfestigkeit erhöht wird, wenn der Kohlenstoffgehalt von 0,08 auf 0,42% gesteigert wird, die dazwischen liegenden Kohlenstoffgehalte wurden von ihm nicht untersucht. Auch aus Versuchen von H. J u r e t z e k und F. S a u e r w a l d[5]) geht hervor, daß die Dauerstandfestigkeit zwischen 400 und 545° mit steigendem Kohlenstoffgehalt zunimmt. P. G r ü n[6]) fand dagegen, daß eine Steigerung des Kohlenstoffgehalts die Dauerstandfestigkeit nur bis etwa 400° merklich erhöht, daß sie bei 500° bis zu 0,2% C zwar etwas ansteigt, um bei weiterer Erhöhung des Kohlenstoffgehalts wieder abzufallen. Zu einem ähnlichen Ergebnis ge-

langten A. P o m p und W. E n d e r s[7]). Auch G. R a n q u e und P. H e n r y[8]) gaben an, daß eine Erhöhung des Kohlenstoffgehalts nur unter 400° wirksam ist. Die Versuche von C. L. C l a r k und A. E. W h i t e[9]) wiederum zeigen, daß bei 540° die Dauerstandfestigkeit durch Steigerung des Kohlenstoffgehalts von 0,15 auf 0,40% erhöht wird.

Über den Einfluß des Vanadins auf Stähle mit 0,1% C berichtet P. G r ü n[6]). Er stellte bei 500° einen deutlichen Anstieg der Dauerstandfestigkeit mit dem Vanadingehalt bis zu etwa 1% V fest. Über den Einfluß des Molybdäns stellte der gleiche Verfasser fest[6]), daß in Stählen mit 0,05 und 0,10% C bei steigendem Molybdängehalt eine bedeutende Erhöhung der Dauerstandfestigkeit bei 400 und 500° bis zu Gehalten von etwa 2,5% Mo zu beobachten ist. Zu einem ähnlichen Ergebnis kam M. F l e i s h m a n n[10]) für Stähle etwa der gleichen Zusammensetzung. Auch nach R. W. B a i l e y[11]) wird durch Zusätze von 1 bis 2% Mo eine Erhöhung der Dauerstandfestigkeit erzielt. 70 bis 80% der erreichbaren besten Ergebnisse werden nach seiner Ansicht schon durch einen Zusatz von 0,5% Mo erreicht. C. L. C l a r k und R. S. B r o w n[12]) verglichen zwei Stähle mit 0,1% C und 1,0 bzw. 1,5% Mo im geglühten und vergüteten Zustand bei 590 und 760° miteinander und fanden, daß durch diese Erhöhung des Molybdängehalts die Dauerstandfestigkeit erheblich ansteigt.

Über den Einfluß des Kohlenstoffgehalts auf die Dauerstandfestigkeit von Stählen, die Vanadin oder Molybdän enthalten, liegen im Schrifttum nur Einzelangaben vor. In Molybdänstählen erhöht nach P. G r ü n[6]) eine Vergrößerung des Kohlenstoffgehalts die Zugfestigkeit bei 400 und 500°, die Dauerstandfestigkeit aber nur bei Temperaturen bis zu 400°. Bei 500° wird die Dauerstandfestigkeit durch Kohlenstoffgehalte über 0,2% wieder verringert. P. G r ü n[6]) vermutet ebenso wie R. W. B a i l e y.

*) Die Arbeit wurde im Februar 1940 als Dr.-Ing.-Dissertation der Technischen Hochschule zu Braunschweig eingereicht.

J. H. S. D i c k e n s o n, N. P. I n g l i s und J. L. P e a r s o n [13]), daß in jeder Legierung nur ein bestimmter Molybdänzusatz die günstigste Wirkung hervorruft. Für einen Stahl mit 0,4% C hält P. G r ü n [6]) einen Molybdänzusatz von 1% für vorteilhaft. Nach den von H. S t ä g e r und H. Z s c h o k k e [14]) veröffentlichten Versuchen verursacht eine Steigerung des Kohlenstoffgehalts von 0,18 auf 0,28% in einem 0,5%igen Molybdänstahl bei 400° eine Verringerung und bei 500 und 600° eine geringe Erhöhung der Dauerstandfestigkeit. C. H. M. J e n k i n s, H. J. T a p s e l l, G. A. M e l l o r und A. E. J o h n s o n [15]) stellten im Dauerstandversuch bei 550° an zwei Stählen mit gleichem Molybdängehalt von 0,5%, aber verschiedenen Kohlenstoffgehalten von 0,11 und 0,40% praktisch den gleichen Fließverlauf fest, während sich bei 1% Mo ein Stahl mit 0,11% C wesentlich günstiger verhielt als ein Stahl mit 0,40% C.

Untersuchungen über einen Einfluß des Kohlenstoffs auf reine Vanadinstähle wurden nicht bekannt. Wohl aber wird in einer Reihe von Arbeiten der Einfluß des Kohlenstoffs auf die Dauerstandfestigkeit molybdän- und vanadinhaltiger komplexer Stähle untersucht. So verglichen W. K a h l b a u m und L. J o r d a n [16]) zwei Chrom-Wolfram-Vanadinstähle mit verschiedenen Kohlenstoffgehalten von 0,28 bzw. 0,50% miteinander und fanden, daß der kohlenstoffärmere Stahl höhere Belastungen zu tragen vermochte. Den gleichen Einfluß des Kohlenstoffgehalts stellten die genannten Verfasser beim Vergleich zweier Chrom-Molybdän-Vanadinstähle mit 0,34 und 0,75% C fest, allerdings hatte der Stahl mit dem niedrigeren Kohlenstoffgehalt einen um 0,7% höheren Mangangehalt. H. C. C r o s s und E. R. J o h n s o n [17]) stellten fest, daß bei einem Stahl mit 5% Cr und 0,5% Mo die Erhöhung des Kohlenstoffgehalts von 0,13 und 0,18% die Dauerstandfestigkeit erhöht. Nach H. S t ä g e r und H. Z s c h o k k e [14]) liegt die Dauerstandfestigkeit eines Stahles mit 1,6% Cr, 0,6% Mo und 0,5% V bei 0,45% C bei 400 und 500° wesentlich höher als bei 0,23% C, obwohl der Molybdän- und Vanadingehalt bei dem höher gekohlten Stahl stark nach unten streuten. Bei 600° war allerdings der umgekehrte Einfluß des Kohlenstoffs zu erkennen. C. L. C l a r k und A. E. W h i t e [9]) verglichen Silizium-Chrom-Molybdänstähle mit verschiedenen Kohlenstoffgehalten miteinander. Sie kamen zu dem Ergebnis, daß eine Erhöhung des Kohlenstoffgehalts zu einer niedrigeren Dauerstand-

festigkeit zwischen 425 und 650° führt und hielten es für sehr wahrscheinlich, daß für jedes der Elemente Molybdän, Vanadin, Wolfram und Chrom ein gewisser kritischer Gehalt in jedem Stahl einen Höchstwert für die Dauerstandfestigkeit ergibt und daß sich dieser Gehalt je nach dem Kohlenstoff- oder Legierungsgehalt ändert. Die Größe dieses Gehalts war ihnen jedoch unbekannt. Sie gaben lediglich an, daß in einem Stahl mit 0,5% Mo und 0,15% C ein Gehalt von 1,25% Cr die höchste Dauerstandfestigkeit erzielen läßt.

Problemstellung und Versuchsplan.

In dieser Arbeit soll zunächst planmäßig der Einfluß des Kohlenstoffgehalts auf die Warmfestigkeitseigenschaften, insbesondere auf die Dauerstandfestigkeit von verschieden hoch mit Vanadin bzw. Molybdän legierten Stählen geklärt werden. Ferner soll die Auswirkung einer Veränderung des Kohlenstoffgehalts in Stählen, die Vanadin und Molybdän gemeinsam enthalten, geprüft werden. Da Vanadin und Molybdän zu den karbidbildenden, das γ-Gebiet einschnürenden Elementen gehören, wurde endlich auch der Einfluß des zur gleichen Legierungsgruppe gehörenden, aber wahrscheinlich nicht karbidbildenden Elementes Silizium [18]) auf Molybdän-Vanadinstähle untersucht. Wegen der großen Zeitdauer der Dauerstandversuche und der großen Zahl an Versuchsstählen konnte die Dauerstandfestigkeit jedes Stahles nur nach einer Wärmebehandlung untersucht werden. Da aber die Wärmebehandlung durch Änderung der Gefügeausbildung, insbesondere der Karbidverteilung, die Dauerstandfestigkeit erheblich beeinflußt, war die Auswahl einer günstigen Wärmebehandlung für die gesamte Untersuchung von besonderer Bedeutung. Dieses zeigen z. B. die Feststellungen von A. T h u m und H. H o l d t [19]), wonach bei niedrig legierten Kohlenstoffstählen ein ferritisches Gefüge mit kugeliger Zementitausbildung und auch ein martensitisches Abschreckgefüge eine geringere Dauerstandfestigkeit aufweisen, als ein Gefüge mit lamellarem Perlit. Nach J. J. K a n t e r und L. W. S p r i n g [20]) verhielten sich Chrom-Wolframstähle im Vergütungszustand bedeutend ungünstiger als im geglühten Zustand. Für die meisten vanadin- und molybdänlegierten Stähle soll nach P. G r ü n [6]) das nach Luftabkühlung auftretende nadelige Ferrit-Perlit-Gemisch am günstigsten sein, bei einigen entsprechend höher legierten Molybdänstählen aber der Martensit. C. H. J e n k i n s, H. J. T a p s e l l, G. A. M e l l o r und A. E. J o h n s o n [15]) stellten bei Molybdän-Stählen bis zu 1% Mo und 0,4% C für das nach Ölabschreckung mit anschließendem Anlassen erzielte Vergütungsgefüge den höchsten Fließwiderstand fest. R. F. M i l l e r, R. F. C a m p b e l l, R. H. A b o r n und E. C. W r i g h t [21]) schlossen aus der Untersuchung eines Stahles mit 0,11% C und 0,54% Mo, daß die höchste Dauerstandfestigkeit für diesen Stahl bei einer bestimmten kritischen Teilchengröße eines molybdänreichen Karbides oder einer Eisen-Molybdän-Verbindung in der Grundmasse erzielt wird.

Da die kritische Abkühlungsgeschwindigkeit für die Gefügeausbildung maßgebend ist, können Stähle mit verschiedenen Molybdän-, Vanadinoder Kohlenstoffgehalten bei gleicher Wärmebehandlung ganz verschieden ausgebildete Gefüge, insbesondere auch verschiedenartige Karbidverteilung aufweisen. Z. B. kann sich bei Luftabkühlung ein Ferrit-Perlit-Gemisch einstellen, das sich bei den üblichen Anlaßzeiten und Anlaßtemperaturen kaum verändert, oder es kann bei höheren Legierungsgehalten teilweise Martensit auftreten, aus dem sich beim Anlassen fein verteilte Karbide ausscheiden. Hierdurch wird unter Umständen der eigentliche Einfluß der Legierungselemente auf die Dauerstandfestigkeit von dem Einfluß der durch die Wärmebehandlung bedingten Gefügeausbildung überdeckt. Aus diesem Grunde wurden alle Stähle in Wasser abgeschreckt und angelassen, da durch diese Behandlung am ehesten eine gleichmäßig feine Verteilung aller Gefügebestandteile zu erreichen ist. Eine Ausnahme bildeten allerdings die hoch sonderkarbidhaltigen Stähle, da die Sonderkarbide bei der Abschrecktemperatur nicht immer vollständig im Mischkristall löslich und infolgedessen nach dem Abschrecken im Gefüge noch in grober Form vorhanden waren.

Eine Vergütung bietet außerdem den Vorteil einer erheblichen Erhöhung der Zähigkeit, den man auch bei warmfesten Stählen in der Praxis nach Möglichkeit ausnutzt[22]).

Um das Verhalten der Stähle beim Dauerstandversuch möglichst weitgehend zu klären, konnte die Untersuchung natürlich nicht auf die Bestimmung der Dauerstandfestigkeit beschränkt werden. Zunächst wurde vor den Versuchen für jeden Stahl die Härtetemperatur mit Hilfe von Härteproben, die bei verschiedenen Temperaturen in Wasser abgeschreckt wurden, festgestellt. Dann wurden die Zugfestigkeit, die

0,03- und die 0,2-Grenze nach vorheriger Vergütung bei Raumtemperatur und bei den Prüftemperaturen der Dauerstandversuche ermittelt. Da nach A. P o m p und W. H ö g e r [23]) ein Zusammenhang zwischen der Dauerstandfestigkeit und der Anlaßbeständigkeit bzw. dem Einformungsbestreben der Karbide besteht, wurden die Härteänderungen an Proben bestimmt, die nach dem Abschrecken entweder bei verschiedenen Temperaturen und gleichen Zeiten oder aber verschiedene Zeiten bei gleichbleibender Temperatur angelassen worden waren, um auch in dieser Richtung Unterlagen zu erhalten. Zur Untersuchung des Einflusses der Teilchengröße auf die Dauerstandfestigkeit im Sinne der Arbeit von R. F. M i l l e r, R. P. C a m p b e l l, K. H. A b o r n und E. W r i g h t [21]) wurden einige Dauerstandversuche mit verschieden lange angelassenen Proben ausgeführt. Ferner wurde geprüft, ob sich die Festigkeitseigenschaften der Stähle durch den Dauerstandversuch änderten. Schließlich wurde jede Schmelze einer eingehenden Gefügeuntersuchung unterzogen.

Versuchswerkstoffe und Versuchsdurchführung.

Die Versuchsstähle wurden in einem elektrischen Kohlegriesofen von etwa 15 kg Fassungsvermögen aus Armcoeisen unter Zugabe von hochprozentigem Ferrovanadin, Ferromolybdän oder Ferrosilizium erschmolzen und zu Sechskantblöcken von 80 mm Durchmesser vergossen, die auf 18 mm Quadrat heruntergeschmiedet wurden.

Zur Untersuchung kamen:

1. Vanadinstähle mit Kohlenstoffgehalten von 0,02 bis 0,35% und Vanadingehalten von 0,30 bis 4,50%,

2. Molybdänstähle mit Kohlenstoffgehalten von 0,02 bis 0,50% und Molybdängehalten von 0,30 bis 5,25%,

3. Molybdän-Vanadinstähle mit 1,6% Molybdän und 0,6% Vanadin mit Kohlenstoffgehalten von 0,02 bis 0,40%,

4. Molybdän-Vanadin-Siliziumstähle mit 1.25% Molybdän, 0,60% Vanadin und 0,60% Silizium mit Kohlenstoffgehalten zwischen 0,02 und 0,43%.

Stähle unter 0,30% Vanadin bzw. Molybdän wurden nicht untersucht, da bei niedrigeren Gehalten der Einfluß auf die Dauerstandfestigkeit nur gering ist. Der höchste Legierungsgehalt betrug 5,25%, da der Stahl bei höheren Gehalten zu verspröden beginnt[24]), und die Kosten für eine praktische Verwendung der Stähle zu

Tafel 1.

Chemische Zusammensetzung der Vanadin-Stähle.

Stahl-Bezeichnung	Chemische Zusammensetzung			
	C %	Si %	Mn %	V %
2 V 0,6	0,02	0,07	0,21	0,57
2 V 1,0	0,02	0,16	0,24	1,03
2 V 2,3	0,02	0,23	0,24	2,34
3 V 4,3	0,03	0,32	0,29	4,34
7 V 0,3	0,07	0,13	0,18	0,29
10 V 0,5	0,10	0,11	0,19	0,47
10 V 1,1	0,10	0,13	0,22	1,11
7 V 2,4	0,07	0,18	0,36	2,43
10 V 4,3	0,10	0,20	0,32	4,33
18 V 0,6	0,18	0,13	0,26	0,60
17 V 0,8	0,17	0,17	0,27	0,84
15 V 1,2	0,15	0,15	0,29	1,22
13 V 2,1	0,13	0,17	0,26	2,13
19 V 2,5	0,19	0,20	0,28	2,51
18 V 3,8	0,18	0,38	0,34	3,78
30 V 0,6	0,30	0,18	0,28	0,62
23 V 1,1	0,23	0,13	0,30	1,07
31 V 1,5	0,31	0,17	0,28	1,45
31 V 2,8	0,31	0,26	0,23	2,76
33 V 4,0	0,33	0,26	0,28	3,98
29 V 4,5	0,29	0,26	0,30	4,50
8 V 1,8	0,08	0,23	0,27	1,81
15 V 4,1	0,15	0,22	0,26	4,10
30 V 3,1	0,30	0,20	0,26	3,12

Tafel 2.

Chemische Zusammensetzung der Molybdän-Stähle.

Stahl-Bezeichnung	Chemische Zusammensetzung			
	C %	Si %	Mn %	Mo %
2 Mo 0,7	0,02	0,16	0,21	0,66
2 Mo 1,5	0,02	0,15	0,20	1,53
2 Mo 2,6	0,02	0,14	0,19	2,56
4 Mo 5,1	0,04	0,04	0,18	5,11
10 Mo 0,3	0,10	0,30	0,32	0,34
9 Mo 0,5	0,09	0,10	0,14	0,53
9 Mo 1,1	0,09	0,18	0,24	1,05
7 Mo 1,4	0,07	0,26	0,22	1,44
6 Mo 1,9	0,06	0,04	0,25	1,92
10 Mo 5,0	0,10	0,05	0,18	4,96
14 Mo 0,3	0,14	0,17	0,24	0,32
14 Mo 0,6	0,14	0,09	0,17	0,58
14 Mo 1,1	0,14	0,11	0,16	1,05
15 Mo 1,7	0,15	0,13	0,25	1,66
15 Mo 2,6	0,15	0,16	0,26	2,59
21 Mo 0,3	0,21	0,21	0,17	0,32
21 Mo 2,9	0,21	0,15	0,28	2,87
20 Mo 5,3	0,20	0,15	0,24	5,25
25 Mo 0,3	0,25	0,11	0,25	0,32
26 Mo 1,0	0,26	0,26	0,22	1,03
29 Mo 1,6	0,29	0,19	0,28	1,61
27 Mo 3,7	0,27	0,10	0,24	3,68
30 Mo 5,0	0,30	0,16	0,28	4,96
36 Mo 0,3	0,36	0,05	0,16	0,32
39 Mo 1,4	0,39	0,08	0,35	1,40
45 Mo 3,0	0,45	0,13	0,35	2,97
45 Mo 4,0	0,45	0,18	0,25	4,00
50 Mo 4,8	0,50	0,33	0,31	4,83
36 Mo 5,3	0,36	0,22	0,24	5,25
16 Mo 3,8	0,16	0,10	0,23	3,82
27 Mo 5,1	0,27	0,13	0,24	5,11

Tafel 3.
Chemische Zusammensetzung
der Molybdän-Vanadin-Stähle.

Stahl-Bezeichnung	Chemische Zusammensetzung				
	C %	Si %	Mn %	Mo %	V %
2 Mo V	0,02	0,18	0,26	1,62	0,54
11 Mo V	0,11	0,16	0,29	1,70	0,58
20 Mo V	0,20	0,10	0,29	1,70	0,55
33 Mo V	0,33	0,09	0,31	1,65	0,62
39 Mo V	0,39	0,11	0,32	1,63	0,58

hoch werden dürften. Wegen der geringen Zähigkeit der Molybdän- und Vanadinstähle mit hohem Kohlenstoffgehalt und der geringen Löslichkeit der Vanadin- und Molybdänkarbide wurde die obere Grenze für Kohlenstoff auf 0,50% festgesetzt. Für die mehrfach legierten Stähle wurde ein mittlerer Gehalt gewählt. Diesen Stählen wurde mehr Molybdän als Vanadin zulegiert, da Molybdän billiger und sein Einfluß auf die Dauerstandfestigkeit größer ist. Die Zusätze an den Begleitelementen wurden möglichst niedrig gehalten, um Nebeneinflüsse auszuschalten. Um die Stähle einwandfrei vergießen und schmieden zu können, war bei den ersten drei Versuchsreihen ein Siliziumgehalt von 0,10 bis 0,20% und bei allen Stählen ein Mangangehalt von 0,20 bis 0,25% erforderlich. Phosphor- und Schwefelgehalt lagen sehr niedrig, etwa in den Grenzen von 0,020 bis 0,030%.

Tafel 4.
Chemische Zusammensetzung
der Molybdän-Vanadin-Silizium-Stähle.

Stahl-Bezeichnung	Chemische Zusammensetzung				
	C %	Si %	Mn %	Mo %	V %
3 Mo V Si	0,03	0,64	0,28	1,33	0,60
10 Mo V Si	0,10	0,65	0,25	1,30	0,65
20 Mo V Si	0,20	0,66	0,25	1,28	0,59
25 Mo V Si	0,25	0,54	0,25	1,23	0,62
33 Mo V Si	0,33	0,56	0,26	1,25	0,60
42 Mo V Si	0,42	0,59	0,34	1,30	0,65

Zur besseren Auswertung der Versuchsergebnisse wurde die Zusammensetzung der Stähle innerhalb der angegebenen Grenzen so gewählt, daß Stahlgruppen mit entweder gleichen Kohlenstoff-, aber verschiedenen Vanadin- bzw. Molybdängehalten oder gleichen Vanadin- bzw. Molybdän-, aber verschiedenen Kohlenstoffgehalten entstanden. Von den Molybdän-Vanadin- und den Molybdän-Vanadin-Siliziumstählen wurde nur je eine Gruppe mit wechselndem Kohlenstoffgehalt erschmolzen.

Die genaue Zusammensetzung der untersuchten Stähle ist aus den Tafeln 1 bis 4 ersichtlich. Für jeden Stahl wurde eine Kurzbezeichnung eingeführt, aus der die Analyse zu ersehen ist. In der Kurzbezeichnung gibt die erste Zahl den hundertfachen Kohlenstoffgehalt in Prozent an. Die Buchstaben V, Mo, Si bedeuten die Elemente Vanadin, Molybdän und Silizium, die Zahlen hinter den Buchstaben die Prozentgehalte an diesen Elementen, auf eine Stelle hinter dem Komma abgerundet. So erhielt z. B. der Stahl mit 0,02% C und 0,66% Mo der Zahlentafel 2 die Kurzbezeichnung 2 Mo 0,7. Da bei den Molybdän-Vanadin- und Molybdän-Vanadin-Siliziumstählen die Legierungsgehalte gleichbleiben, wurden diese in der Kurzbezeichnung weggelassen. Der Molybdän-Vanadinstahl mit 0,02% C, 1,62% Mo und 0,54% V erhielt also die Bezeichnung 2 MoV, der Molybdän-Vanadin-Siliziumstahl mit 0,03% C, 1,33% Mo, 0,60% V, 0,64% Si die Kurzbezeichnung 3 MoVSi.

Die Molybdän- und Vanadinstähle wurden in Bild 1 u. 2 in die Grundfläche der Eisenecke der ternären Systeme Fe-V-C und Fe-Mo-C mit rechtwinkligen Koordinaten eingetragen. Durch die Systeme wurden mehrere Schnitte parallel zur Kohlenstoff- und Vanadin- bzw. Molybdänseite gelegt, die jeweils einer Stahlgruppe entsprechen. Die zu einer Gruppe gehörenden Stähle wurden durch Pfeile noch besonders gekennzeichnet. Bei dieser Darstellung wurden die Stähle 8 V 1,8, 15 V 4,1, 30 V 3,1, 16 Mo 3,8 und 27 Mo 5,1, die nur zur Abrundung der Ergebnisse der Dauerstandversuche benutzt wurden, nicht berücksichtigt.

Sämtliche Stähle wurden, um ein möglichst gleichmäßiges Ausgangsgefüge zu erhalten, zunächst 2 Stunden lang bei 700° geglüht und langsam abgekühlt. Zur Bestimmung der Härtetemperatur dienten Würfel von 18 mm Kantenlänge, die eine halbe Stunde lang auf Härtetemperatur zwischen 800 und 1100° bei von 50 zu 50° steigenden Temperaturen gehalten und in Wasser abgeschreckt wurden.

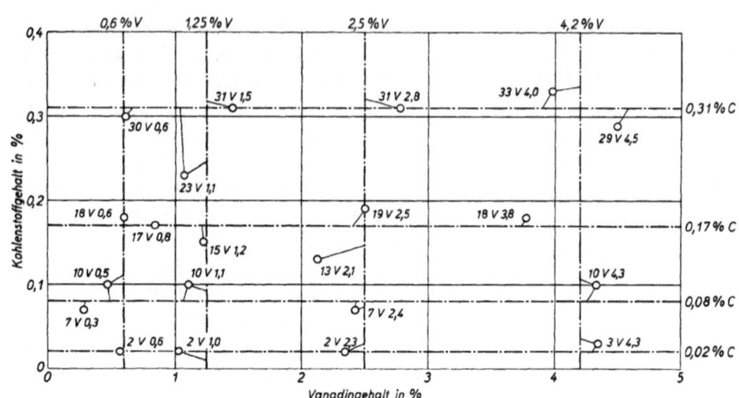

Bild 1. Die Einteilung der Vanadin-Stähle in Gruppen.

Für die Festigkeits- und Dauerstandfestigkeitsprüfungen wurden je 10 Rohproben von 200 mm Länge eines jeden Stahles in der gleichen Weise wärmebehandelt, und zwar wurden diese Proben eine halbe Stunde lang auf 30° oberhalb der durch die Härtereihen bestimmten Härtetemperatur erhitzt und in Wasser abgeschreckt. Die am höchsten legierten umwandlungsfreien Proben wurden bei 1100° abgeschreckt. Diese Temperatur wurde als obere Grenze für die Härtung festgesetzt und war einmal durch die Erwägung bestimmt, daß nach der bisherigen Kenntnis der Systeme Eisen - Kohlenstoff - Molybdän[25]) und Eisen-Kohlenstoff-Vanadin[26]), die ja bekanntlich abgeschnürte γ-Gebiete enthalten, der äußerste Punkt des γ-Gebietes bei den jeweiligen in dieser Arbeit untersuchten Kohlenstoffgehalten bei etwa 1100° erreicht wird, fernerhin dadurch, daß die Gefahr der Grobkornbildung mit der Temperatur vergrößert wird und drittens, weil in der Praxis bei größeren Stücken Vergütungen bei höheren Temperaturen nur schwer durchführbar sind. Wenn die Härtetemperatur aus den Härtereihen nicht eindeutig hervorging — dieses war vor allem bei den Stählen in der Nähe der Grenze des γ-Gebietes der Fall — wurde immer von der höchsten Temperatur abgeschreckt, die in Frage kam, um nach Möglichkeit die bekanntlich schwerlöslichen Molybdän- und Vanadinkarbide in Lösung zu bringen. Da also die genaue Härtetemperatur teilweise überschritten wurde, hatten die Proben nicht immer die höchstmögliche Zähigkeit. Dieses

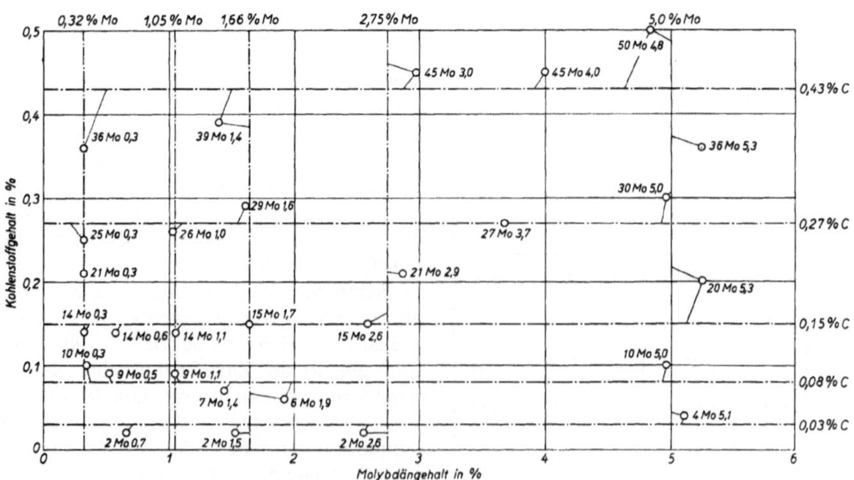

Bild 2. Die Einteilung der Molybdän-Stähle in Gruppen.

war unbedenklich, da das Hauptgewicht der Arbeit auf die Untersuchung der Dauerstandfestigkeit gelegt wurde. Bei der Beurteilung der Ergebnisse ist allerdings zu beachten, daß die Dauerstandfestigkeit von Stahl nach den Untersuchungen von W. R o h n [27]), H. C. C r o s s und E. R. J o h n s o n [17]), E. H o u d r e - m o n t und H. S c h r a d e r [28]) und H. B u c h - h o l z [29]) durch die durch Überhitzung ver- ursachte Grobkornbildung erhöht wird. An- schließend an die Härtung wurden die Zerreiß- und Dauerstandfestigkeitsproben bei 650° an- gelassen. Bei tieferen Anlaßtemperaturen wäre ein großer Teil der Stähle für eine praktische Verwendung zu spröde, oder aber infolge hoher Festigkeit zu schwer bearbeitbar geworden. Bei noch höheren Anlaßtemperaturen bestand wieder die Gefahr, daß die Gefüge der einzelnen Stähle infolge verschieden schneller Karbid- einformung ungleichmäßig wurden. Die Anlaß- zeit wurde auf zwei Stunden festgesetzt, nur an einigen Molybdän-Vanadin-Silizium-Stählen wurde die Dauerstandfestigkeit nach verschie- den langen Anlaßzeiten bis zu 150 Stunden er- mittelt. Nach der Wärmebehandlung wurden die Proben fertig bearbeitet.

Zur Untersuchung des Einflusses der Anlaß- temperatur auf die Brinellhärte wurden wieder- um würfelförmige Proben von 18 mm Kanten- länge von den gleichen Temperaturen wie die Dauerstand- und Zerreißproben in Wasser ab- geschreckt und bei zweistündiger Anlaßdauer zwischen 400 und 750° in Abständen von 50° angelassen.

Bei der Reihe zur Ermittlung des Einflusses der Anlaßzeit auf die Brinellhärte wurden die von den gleichen Temperaturen wie vorher ab- geschreckten Proben nur einer Anlaßtempera- tur, und zwar der gleichen wie die Dauerstand- festigkeit- und Zerreißproben, nämlich 650°, ausgesetzt. Dagegen wurde die Anlaßzeit zwischen 1 und 500 Stunden verändert.

Die Ermittlung der Festigkeitseigenschaften bei Raumtemperatur geschah in üblicher Weise nach Din 1605 an Rundstäben von 10 mm Durchmesser und 100 mm Meßlänge unter Be- nutzung des Martensschen Spiegelgerätes. Die Warmfestigkeitseigenschaften wurden nach Din Vornorm DVM Prüfverfahren A 112 bestimmt.

Die Prüfung der Dauerstandfestigkeit er- folgte nach Din Vornorm DVM Prüfverfahren A 117 und A 118 durch 45stündige ruhende Be- lastung im elektrisch beheizten Salzbadofen unter optischer Aufzeichnung des Dehnverlaufs.

Die Vorwärmzeit betrug 20 Stunden, die Vor- last war eine Viertelstunde wirksam. Das Dauerstandprüfgerät war mit geringfügigen Änderungen, durch die eine genau mittige Be- lastung der Prüfstäbe gewährleistet werden sollte, das gleiche, wie das von P. G r ü n [6]) be- schriebene. Die Anbringung der Meßfedern wurde nach H. S c h o l z [30]) spannungsfrei durchgeführt. Vor den Versuchen wurden die Dauerstandproben verkupfert und vernickelt, um eine störende Oxydation oder Aufnitrierung der Staboberfläche [31, 32]) zu verhindern. Er- mittelt wurden:

a) die „Anfangsdehnung" unmittelbar nach dem Aufbringen der Belastung,

b) die „Zeitdehnung", d. h. der Dehnungs- zuwachs während des Versuchs,

c) die Gesamtdehnung am Schluß des Versuchs,

d) die bleibende Dehnung, die sich aus dem Unterschied der Gesamtdehnung und des Dehnungsrückgangs 10 Minuten nach dem Entlasten bis auf die Vorlast ergab,

e) die Dehnungsgeschwindigkeit zwischen der 25. bis 35. Versuchsstunde.

Zur Bestimmung der Dauerstandfestigkeit waren im allgemeinen für jeden Stahl und jede Temperatur 3 Einzelversuche mit verschie- denen, der voraussichtlichen Dauerstandfestig- keit angepaßten Belastungen notwendig. Die zwischen der 25. und 35. Stunde ermittelten Dehngeschwindigkeiten wurden entsprechend dem Vorschlag der Din Vornorm DVM Prüf- verfahren A 117 und A 118 in Abhängigkeit von der Belastung graphisch dargestellt und aus diesem Schaubild die Dauerstandfestigkeit als die Belastung ermittelt, die nach der Normvorschrift einer Dehngeschwindigkeit von $10 \cdot 10^{-4}\%/h$ entspricht.

Als Prüftemperaturen für die Warmfestig- keitseigenschaften und die Dauerstandfestigkeit wurden 500 und 550° gewählt, da die nicht austenitischen warmfesten Stähle gerade in diesem Temperaturbereich einen sehr steilen Abfall der Dauerstandfestigkeit aufweisen[33]).

Die bei 550° geprüften Dauerstandproben mit der geringsten bleibenden Dehnung wur- den auf 8 mm Durchmesser abgedreht, um die Oberflächenschicht zu entfernen, und bei Raum- temperatur zerrissen. Hierdurch sollte nach- geprüft werden, ob sich die Festigkeitseigen- schaften während des Dauerstandversuchs ge- ändert hatten.

Der Einfluß von Vanadin, Molybdän und Kohlenstoff auf die durch den Zugversuch bei verschiedenen Prüftemperaturen ermittelten Festigkeitseigenschaften.

Bevor die Dauerstandfestigkeit der untersuchten Stähle behandelt wird, sollen zunächst die übrigen Versuchsergebnisse eingehend besprochen werden.

Die ermittelten Festigkeitseigenschaften der Versuchsstähle bei den verschiedenen Prüftemperaturen sind in den Tafeln 5 bis 8 zusammengestellt und in Bild 3 bis 7 in Abhängigkeit von den verschiedenen Legierungs- bzw. Kohlenstoffgehalten aufgezeichnet.

Den Einfluß des Vanadins auf die Festigkeitseigenschaften bei verschiedenen Kohlenstoffgehalten zeigt Bild 3. Bei 0,02% C wirkte eine Erhöhung des Vanadingehalts von 0,7 auf 1% auffallenderweise erniedrigend auf die Festigkeit und auf die Dehngrenzen bei Raumtemperatur, bei 500 und 550⁰ erstreckte sich die Verminderung sogar bis 2,3% Vanadin. Erst bei 4,3% V war wieder ein geringer Anstieg der Festigkeitseigenschaften zu erkennen. Der geringe Einfluß höherer Vanadingehalte auf die Festigkeit kohlenstoffarmer Stähle bestätigt die Feststellungen von E. Houdremont, H. Bennek und H. Schrader[34]), wonach Vanadin die Festigkeit des Ferritmischkristalls kaum verändert.

Bei 0,08% C stiegen die Festigkeitseigenschaften bei allen Prüftemperaturen mit dem Vanadingehalt bis 1,1% V deutlich an, sie lagen aber bei 2,4% V wieder erheblich tiefer. Es muß also angenommen werden, daß ein Höchstwert der Warmfestigkeit zwischen etwa 0,5 und 2% V zu erreichen ist.

Auch bei 0,17% und 0,31% C war ein ähnlicher Einfluß des Vanadins zu erkennen. Im Kurzzeitversuch traten Höchstwerte für die Festigkeitseigenschaften auf, die bei 20⁰ zwischen 0,6 und 1,2 bzw. 1,5% V lagen, sich bei 500 und 550⁰ aber zu höheren Vanadingehalten verschoben. Der bereits bei 0,08% C für höhere Vanadingehalte beobachtete Festigkeitsabfall war bei diesen beiden Gruppen besonders stark ausgeprägt.

Daß bei höheren Kohlenstoffgehalten das Vanadin bei Raumtemperatur zuerst erhöhend und dann erniedrigend auf die Festigkeit einwirkt, wurde bereits von L. Guillet[35]) an Stählen mit 0,2% C im Walzzustand beobachtet und durch spätere Untersuchungen von E. Houdremont, H. Bennek und H. Schrader[34]) bestätigt.

Der Einfluß des Kohlenstoffs auf die Festigkeitseigenschaften der Vanadinstähle ist in Bild 4 dargestellt. Bei den ersten 3 Gruppen mit 0,6, 1,25 und 2,5% V nahmen die Festigkeitseigenschaften im Kurzzeitversuch mit steigendem Kohlenstoffgehalt zunächst sehr

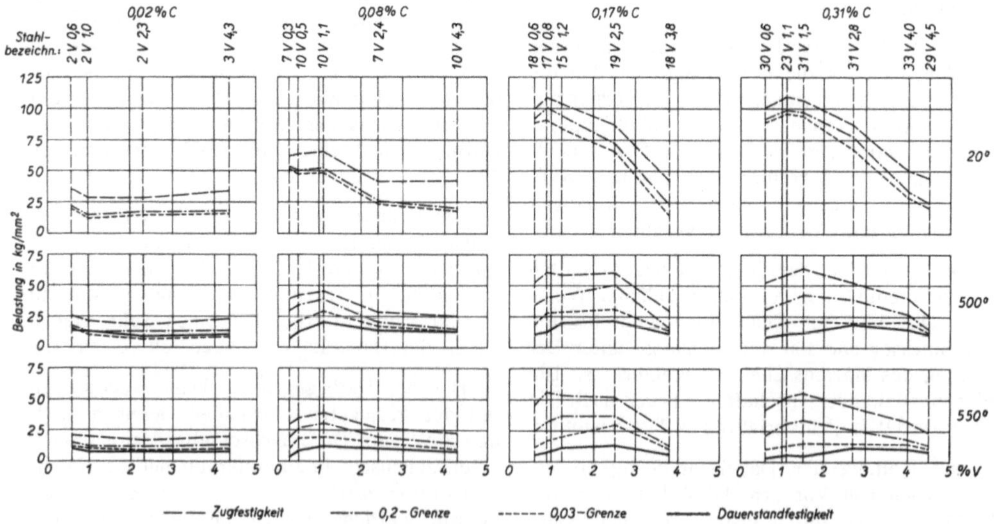

Bild 3. Die Festigkeitseigenschaften der Vanadin-Stähle mit gleichbleibendem Kohlenstoffgehalt bei verschiedenen Prüftemperaturen in Abhängigkeit vom Vanadingehalt.

— 9 —

Tafel 5.
Festigkeitseigenschaften der Vanadin-Stähle.

Stahl-Bezeichnung	Ab-schreck-temperatur	Prüf-temperatur	0,03-Grenze $\sigma\,0{,}03$ kg/mm²	0,2-Grenze $\sigma\,0{,}2$ kg/mm²	Zug-festigkeit σ_B kg/mm²	Dehnung $\delta\,10$ %	Ein-schnürung ψ %	Dauer-stand-festigkeit σ_D kg/mm²	Zugfestigkeit nach dem Dauerstand-versuch bei 550° σ_D kg/mm²	Verhältnis der Dauerstand-festigkeit bei 500° zur Zugfestig-keit bei 20° $\dfrac{\sigma_D\ 500^0}{\sigma_B\ 20^0}\cdot 100$ %
2 V 0,6	1100⁰	20⁰	20,4	22,5	36,0	30,7	77	—	—	
		500⁰	15,3	17,2	24,6	26,6	68	14	—	39,0
		550⁰	12,5	13,9	19,5	23,0	71	9	—	
2 V 1,0	1100⁰	20⁰	13,1	15,5	29,6	29,0	79	—	34,1	
		500⁰	10,3	12.75	20,8	25,0	73	13,5	—	45,5
		550⁰	10,2	11,5	20,0	21,0	78	8	—	
2 V 2,3	1100⁰	20⁰	15,9	17,6	28,7	12,4	55	—	31,4	
		500⁰	9,7	11,8	19,5	19,0	70	9	—	31,4
		550⁰	7,9	9,9	16,9	26,9	81	7,5	—	
3 V 4,3	1100⁰	20⁰	16,9	19,2	34,7	22,4	48	—	35,4	
		500⁰	9,4	13,5	22,3	14,4	51	10	—	28,8
		550⁰	10,5	11,2	19,4	31,3	65	7	—	
7 V 0,3	950⁰	20⁰	54,1	54,1	57,5	16,0	66	—	56,1	
		500⁰	16,6	29,2	39,1	31,0	75	6	—	10,5
		550⁰	10,5	19,4	29,1	37,2	61	3	—	
10 V 0,5	1000⁰	20⁰	47,3	50,2	63,5	13,8	70	—	—	
		500⁰	22,3	33,2	42,1	12,3	48	13	—	20,5
		550⁰	19,1	25,8	34,7	16,9	58	8	—	
10 V 1,1	1100⁰	20⁰	47,7	53,0	65,6	11,7	60	—	65,1	
		500⁰	26,1	38,0	44,5	9,0	41	21	—	32,0
		550⁰	19,8	30,7	39,2	5,8	30	12	—	
7 V 2,4	1100⁰	20⁰	24,0	26,0	41,4	8,8	14	—	44,2	
		500⁰	18,0	19,1	28,0	10,3	38	14	—	33,8
		550⁰	15,1	19,1	26,8	13,4	72	10	—	
10 V 4,3	1100⁰	20⁰	17,8	20,4	41,4	20,6	51	—	39,9	
		500⁰	12,1	13,6	24,7	15,6	44	12	—	29,0
		550⁰	10,2	12,4	22,3	19,2	66	8	—	
18 V 0,6	950⁰	20⁰	88,5	90,4	98,7	9,0	42	—	98,0	
		500⁰	17,7	33,2	52,3	18,3	51	10	—	10,1
		550⁰	11,2	24,9	45,5	21,5	57	5	—	
17 V 0,8	950⁰	20⁰	94,4	100,7	108,5	10,8	44	—	106,7	
		500⁰	25,6	38,5	59,9	9,3	40	12	—	11,0
		550⁰	17,0	31,6	55,4	6,7	14	7	—	

Tafel 5 (Fortsetzung).
Festigkeitseigenschaften der Vanadin-Stähle.

Stahl-Bezeichnung	Ab-schreck-temperatur	Prüf-temperatur	0,03-Grenze $\sigma\,0{,}03$ kg/mm²	0,2-Grenze $\sigma\,0{,}2$ kg/mm²	Zug-festigkeit σ_B kg/mm²	Dehnung $\delta\,10$ %	Ein-schnürung ψ %	Dauer-stand-festigkeit σ_D kg/mm²	Zugfestigkeit nach dem Dauerstandversuch bei 550° σ_D kg/mm²	Verhältnis der Dauerstandfestigkeit bei 500° zur Zugfestigkeit bei 20° $\dfrac{\sigma_D\ 500^0 \cdot 100}{\sigma_B\ 20^0}$ %
15 V 1,2	1100°	20°	84,1	94,3	103,2	11,7	62	—	102,9	18,4
		500°	28,0	42,0	58,0	8,1	41	19	—	
		550°	20,0	35,8	53,0	7,4	69	11	—	
13 V 2,1	1100°	20°	64,9	71,0	83,5	8,8	56	—	81,5	25,0
		500°	27,2	39,5	46,2	6,9	55	21	—	
		550°	19,8	31,9	42,7	9,1	52	12	—	
19 V 2,5	1100°	20°	65,0	71,2	86,4	8,3	24	—	87,5	24,3
		500°	29,3	50,3	59,3	7,7	48	21	—	
		550°	28,4	37,0	51,2	7,8	45	12	—	
18 V 3,8	1100°	20°	15,0	22,3	42,0	12,9	36	—	41,2	26,2
		500°	12,0	16,1	28,8	11,7	44	11	—	
		500°	9,4	12,7	23,1	16,0	41	6	—	
30 V 0,6	950°	20°	91,0	91,0	100,0	13,4	63	—	98,4	7,0
		500°	14,7	30,0	52,0	20,0	74	7	—	
		550°	9,4	21,7	41,4	21,8	71	3	—	
23 V 1,1	950°	20°	98,1	98,1	109,8	12,3	50	—	107,2	8,25
		500°	19,0	37,5	58,0	13,5	40	9	—	
		550°	12,0	30,9	51,6	14,5	29	5	—	
31 V 1,5	1000°	20°	97,4	97,4	112,5	8,6	55	—	112,5	8,9
		500°	20,0	41,4	62,9	13,9	56	10	—	
		550°	14,3	32,5	53,8	10,2	48	5	—	
31 V 2,8	1100°	20°	66,3	76,4	87,2	9,1	55	—	89,6	21,8
		500°	19,0	38,8	51,5	11,2	60	19	—	
		550°	14,0	26,1	43,3	13,2	59	11,5	—	
33 V 4,0	1100°	20°	28,5	33,0	49,4	17,0	58	—	—	28,3
		500°	19,4	25,5	39,1	11,1	59	14	—	
		550°	14,0	18,5	30,6	22,3	67	10	—	
29 V 4,5	1100°	20°	19,9	23,9	43,6	12,2	71	—	40,2	22,9
		500°	11,1	13,3	25,4	24,5	74	10	—	
		550°	10,5	12,9	23,1	19,3	73	8	—	
8 V 1,8		500°	—	—	—	—	—	17	—	—
15 V 4,1	1100°	500°	—	—	—	—	—	10	—	—
30 V 3,1		500°	—	—	—	—	—	17	—	—

Tafel 6.
Festigkeitseigenschaften der Molybdän-Stähle.

Stahl-Bezeichnung	Abschreck-temperatur	Prüf-temperatur	0,03-Grenze $\sigma_{0,03}$ kg/mm²	0,2-Grenze $\sigma_{0,2}$ kg/mm²	Zug-festigkeit σ_B kg/mm²	Dehnung δ_{10} %	Ein-schnürung ψ %	Dauer-stand-festigkeit σ_D kg/mm²	Zugfestigkeit nach dem Dauerstand-versuch bei 550° σ_D kg/mm²	Verhältnis der Dauerstand-festigkeit bei 500° zur Zugfestig-keit bei 20° $\dfrac{\sigma_D\,500°\cdot100}{\sigma_B\,20°}$ %
2 Mo 0,7	950⁰	20⁰	34,4	34,4	40,1	25,7	77	—	—	
		500⁰	15,9	18,2	31,2	25,6	77	20	—	50,0
		550⁰	13.5	17,9	25,3	18,8	78	11	—	
2 Mo 1,5	1100⁰	20⁰	35,4	35,4	46,1	17,9	70	—	44,9	
		500⁰	19,0	25,0	40,5	14,4	64	25	—	54,3
		550⁰	17,7	24,5	36,1	11,9	64	17	—	
2 Mo 2,6	1100⁰	20⁰	18,5	19,4	37,7	25,6	71	—	39,0	
		500⁰	13,5	17,9	34,0	18,2	61	17	—	45,0
		550⁰	13,0	19,1	33,2	16,9	50	11	—	
4 Mo 5,1	1100⁰	20⁰	27,7	31,8	51,0	20,4	60	—	52,1	
		500⁰	18,6	23,7	39,5	17,3	63	21	—	53,2
		550⁰	17,0	23,6	36,3	16,5	64	12	—	
10 Mo 0,3	950⁰	20⁰	37,6	37,6	48,4	23,5	73	—	—	
		500⁰	19,0	22,9	31,6	25,5	74	18	—	39,2
		550⁰	11,7	18,4	27,7	26,4	82	8	—	
9 Mo 0,5	950⁰	20⁰	40,5	40,5	48,4	19,4	73	—	—	
		500⁰	21,0	26,4	35,2	21,2	75	20	—	41,3
		550⁰	19,1	23,9	32,1	20,8	82	10	—	
9 Mo 1,1	1000⁰	20⁰	55,7	55,7	59,9	16,7	69	—	61,2	
		500⁰	30,1	38,6	46,1	13,4	68	27	—	45,2
		550⁰	22,3	33,1	41,3	12,4	68	11	—	
7 Mo 1,4	1100⁰	20⁰	60,5	60,5	65,0	12,1	63	—	65,4	
		500⁰	37,1	46,1	50,0	8,5	66	31,5	—	48,5
		550⁰	26,5	36,0	44,0	5,6	55	13,5	—	
6 Mo 1,9	1100⁰	20⁰	74,0	76,5	81,3	10,1	55	—	—	
		500⁰	44,6	58,3	66,6	6,3	55	37	—	44,5
		550⁰	36,3	48,7	57,0	7,3	54	19	—	
10 Mo 5,0	1100⁰	20⁰	43,0	59,9	79,0	14,1	59	—	76,1	
		500⁰	30.6	42,0	55,0	9,1	42	20	—	25,3
		550⁰	25,5	33,8	47,1	14,6	70	10	—	
14 Mo 0,3	950⁰	20⁰	42,1	42,1	50,0	21,0	73	—	—	
		500⁰	18,8	23,7	31,9	25,0	80	18	—	36,0
		550⁰	12,2	18,5	27,6	24,6	84	7	—	
14 Mo 0,6	950⁰	20⁰	47,4	47,4	54,1	18,4	70	—	56,2	
		500⁰	26,9	33,6	42,0	16,2	70	22	—	40,6
		550⁰	19,4	27,1	35,4	15,0	75	9	—	
14 Mo 1,1	1000⁰	20⁰	57,7	57,7	63,0	15,7	66	—	65,6	
		500⁰	26,0	37,1	44,6	14,4	72	23	—	36,5
		550⁰	20,0	31,1	39,9	14,4	75	10	—	
15 Mo 1,7	1100⁰	20⁰	72,5	72,5	84,5	12,2	61	—	85,7	
		500⁰	30,0	51,0	56,8	10,0	71	25	—	29,6
		550⁰	26,1	44,0	53,6	10,3	72	11	—	
15 Mo 2,6	1100⁰	20⁰	77,7	82,2	92,2	12,0	63	—	—	
		500⁰	35,4	52,8	62,4	8,2	64	26	—	28,2
		550⁰	26,8	45,5	57,1	8,7	63	13	—	

Tafel 6   (Fortsetzung).
Festigkeitseigenschaften der Molybdän-Stähle.

Stahl-Bezeichnung	Ab-schreck-tempe-ratur	Prüf-tempe-ratur	0,03-Grenze	0,2-Grenze	Zug-festigkeit	Dehnung	Ein-schnürung	Dauer-stand-festigkeit	Zugfestigkeit nach dem Dauerstand-versuch bei 550°	Verhältnis der Dauerstand-festigkeit bei 500° zur Zugfestig-keit bei 20°
			$\sigma\,0,03$ kg/mm²	$\sigma\,0,2$ kg/mm²	σ_B kg/mm²	$\delta\,10$ %	ψ %	σ_D kg/mm²	σ_D kg/mm²	$\dfrac{\sigma_D\,500° \cdot 100}{\sigma_B\,20°}$ %
21 Mo 0,3	950⁰	20⁰	45,0	45,0	54,8	22,2	70	—	—	
		500⁰	20,5	26,8	36,0	22,4	75	15	—	27,4
		550⁰	15,0	21,7	30,7	28,7	84	7	—	
21 Mo 2,9	1050⁰	20⁰	90,0	101,3	105,4	10,3	51	—	101,5	
		500⁰	41,5	59,9	70,8	9,0	63	22	—	20,9
		550⁰	22,3	47,2	65,2	8,7	65	11	—	
20 Mo 5,3	1100⁰	20⁰	63,3	74,5	90,0	8,2	36	—	—	
		500⁰	36,0	48,1	58,3	4,8	39	19	—	21,5
		550⁰	22,3	43,0	55,1	8,6	38	8	—	
25 Mo 0,3	900⁰	20⁰	49,6	49,6	60,2	18,9	71	—	—	
		500⁰	20,5	30,2	37,9	21,3	80	15	—	24,8
		550⁰	15,0	21,0	31,7	25,0	84	7	—	
26 Mo 1,0	950⁰	20⁰	74,9	74,9	79,4	14,4	59	—	80,4	
		500⁰	24,6	40,6	51,0	10,3	69	18	—	22,7
		550⁰	17,6	29,4	43,3	12,2	77	6	—	
29 Mo 1,6	1000⁰	20⁰	84,5	85,0	91,3	10,9	56	—	96,1	
		500⁰	27,7	51,0	62,6	8,5	63	17	—	18,6
		550⁰	22,9	39,5	53,2	11,0	75	7	—	
27 Mo 3,7	1100⁰	20⁰	89,9	94,3	111,8	9,1	54	—	113,5	
		500⁰	41,0	58,5	69,4	9,0	58	26	—	23,3
		550⁰	25,5	42,7	61,0	6,4	36	11,5	—	
30 Mo 5,0	1100⁰	20⁰	94,9	105,8	122,8	6,6	26	—	121,0	
		500⁰	36,7	59,2	80,0	8,6	47	28	—	22,8
		550⁰	29,7	44,3	72,5	10,4	42	13	—	
36 Mo 0,3	900⁰	20⁰	59,9	59,9	66,0	16,5	63	—	—	
		500⁰	27,7	35,4	45,9	21,7	71	15	—	22,8
		550⁰	16,1	26,9	38,6	19,0	77	7	—	
39 Mo 1,4	950⁰	20⁰	84,3	84,2	94,3	11,0	60	—	97,1	
		500⁰	21,3	53,5	64,0	8,4	63	13	—	13,8
		550⁰	14,8	30,7	50,6	15,1	75	6	—	
45 Mo 3,0	1000⁰	20⁰	90,0	100,4	107,2	10,5	51	—	110,7	
		500⁰	30,9	52,8	65,6	11,3	64	17	—	15,9
		550⁰	15,8	32,6	55,8	15,0	70	8	—	
45 Mo 4,0	1100⁰	20⁰	114,5	115,1	120,2	6,0	31	—	—	
		500⁰	29,4	61,1	77,4	8,1	54	19,5	—	16,2
		550⁰	20,7	41,4	66,9	10,6	63	9	—	
50 Mo 4,8	1100⁰	20⁰	112,8	120,2	125,0	1,9	6	—	—	
		500⁰	42,7	73,4	90,5	8,3	50	24	—	19,2
		550⁰	35,4	46,6	71,3	11,3	50	10	—	
36 Mo 5,3	1100⁰	20⁰	100,2	106,9	122,2	7,5	38	—	—	
		500⁰	35,7	61,1	79,5	9,3	50	28	—	22,9
		550⁰	26,5	48,0	72,6	9,9	39	13	—	
16 Mo 3,8	1100⁰	500⁰	—	—	—	—	—	17	—	—
27 Mo 5,1	1100⁰	500⁰	—	—	—	—	—	21	—	—

Tafel 7.

Festigkeitseigenschaften der Molybdän-Vanadin-Stähle.

Stahl-Bezeichnung	Abschreck-temperatur	Prüf-temperatur	0,03-Grenze	0,2-Grenze	Zug-festigkeit	Dehnung	Ein-schnürung	Dauerstand-festigkeit	Zugfestigkeit nach dem Dauerstandversuch bei 550°	Verhältnis der Dauerstandfestigk. b. 500° zur Zugfestigkeit bei 20°
			$\sigma\,0{,}03$ kg/mm²	$\sigma\,0{,}2$ kg/mm²	σ_B kg/mm²	$\delta\,10$ %	ψ %	σ_D kg/mm²	σ_D kg/mm²	$\dfrac{\sigma_D\,500^0 \cdot 100}{\sigma_B\,20^0}$ %
2 Mo V	1100⁰	20⁰	20,8	23,9	33,2	22,3	79	—	32,4	
		500⁰	15,3	17,8	27,5	19,2	76	17	—	51,2
		550⁰	13,7	17,5	26,4	19,8	72	12	—	
11 Mo V	1100⁰	20⁰	84,1	94,3	103,1	8,8	60	—	105,4	
		500⁰	48,4	65,9	75,1	6,1	50	50	—	48,5
		550⁰	45,2	58,0	67,8	3,6	52	30	—	
20 Mo V	1000⁰	20⁰	133,7	140,3	142,7	4,8	45	—	143,0	
		500⁰	61,5	87,3	96,2	7,2	48	53	—	37,2
		550⁰	42,7	72,6	90,0	8,0	48	32	—	
33 Mo V	1000⁰	20⁰	142,0	146,0	151,4	0,9	5	—	150,1	
		500⁰	64,7	86,1	99,1	4,5	17	48	—	31,6
		550⁰	51,0	68,5	81,9	0,7	2	25	—	
39 Mo V	1000⁰	20⁰	141,5	145,8	150,8	5,5	33	—	149,3	
		500⁰	55,1	80,0	95,0	7,7	38	42	—	27,9
		550⁰	45,1	63,7	80,5	11,5	50	21	—	

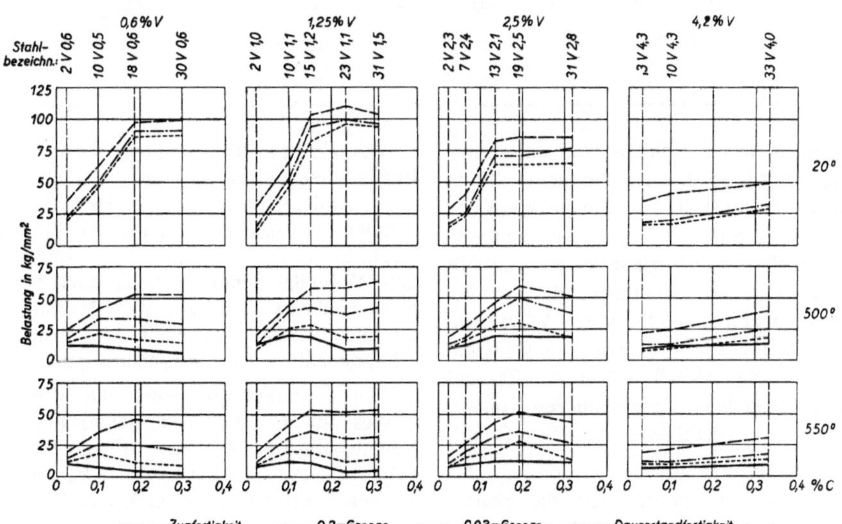

Bild 4. Die Festigkeitseigenschaften der Vanadin-Stähle mit gleichbleibendem Vanadin-Gehalt bei verschiedenen Prüftemperaturen in Abhängigkeit vom Kohlenstoffgehalt.

Tafel 8.

Festigkeitseigenschaften der Molybdän-Vanadin-Silizium-Stähle.

Stahl-Bezeichnung	Abschrecktemperatur	Prüftemperatur	0,03-Grenze $\sigma\,0{,}03$ kg/mm²	0,2-Grenze $\sigma\,0{,}2$ kg/mm²	Zugfestigkeit σ_B kg/mm²	Dehnung $\delta\,10$ %	Einschnürung ψ %	Dauerstandfestigkeit σ_D kg/mm²	Zugfestigkeit nach dem Dauerstandversuch bei 550⁰ σ_D kg/mm²	Verhältnis der Dauerstandfestigkeit bei 500⁰ zur Zugfestigkeit bei 20⁰ $\dfrac{\sigma_D\ 500^0}{\sigma_B\ 20^0}\cdot 100$ %
3 Mo V Si	1100⁰	20⁰	24,9	28,7	34,0	1,2	2	—	34,3	
		500⁰	16,7	20,1	30,5	21,0	73	17	—	50,0
		550⁰	14,3	17,3	26,8	19,8	72	12	—	
10 Mo V Si	1100⁰	20⁰	79,0	88,5	99,0	10,5	59	—	92,5	
		500⁰	46,2	56,7	64,0	8,9	60	49	—	49,5
		550⁰	40,1	53,5	62,1	11,2	60	30	—	
20 Mo V Si	1000⁰	20⁰	114,5	120,0	125,0	3,5	26	—	124,3	
		500⁰	53,5	71,4	84,7	8,4	54	53	—	42,5
		550⁰	42,5	63,7	77,5	7,8	53	32	—	
25 Mo V Si	1000⁰	20⁰	140,0	144,8	152,8	4,8	51	—	151,7	
		500⁰	57,2	73,0	91,8	6,5	52	53	—	34,7
		550⁰	46,0	70,2	90,8	8,3	53	32	—	
33 Mo V Si	1000⁰	20⁰	139,5	142,5	147,7	4,1	42	—	148,5	
		500⁰	55,3	72,1	91,5	5,8	38	48	—	32,6
		550⁰	50,7	71,1	90,5	6,5	33	29	—	
42 Mo V Si	1000⁰	20⁰	132,0	142,3	144,0	4,6	26	—	145,0	
		500⁰	53,1	68,8	88,5	4,5	20	40	—	27,8
		550⁰	44,3	66,9	80,5	4,2	13	20	—	

schnell, bei höheren Kohlenstoffgehalten nur noch langsam zu, so daß ein deutlicher Knick in den Kurven entstand. Die genaue Lage des Knicks ist zwar aus den Versuchsergebnissen nicht festzustellen, der Verlauf der Kurven läßt aber ziemlich sicher annehmen, daß er bei 0,6% V etwa bei 0,18% C, für 1,25% V bei etwa 0,15% C und für 2,5% V zwischen 0,13 und 0,19% C liegt. Bei 2,5% V schien bei 500 und 550⁰ der Knick sich zu etwas höheren Kohlenstoffgehalten zu verschieben als bei Raumtemperatur.

Bei 4,2% V nahmen dagegen die Festigkeitseigenschaften bei allen Prüftemperaturen bis zu dem höchsten untersuchten Kohlenstoffgehalt stetig zu.

Der Einfluß des Molybdäns auf die Festigkeitseigenschaften bei gleichbleibenden Kohlenstoffgehalten ist aus Bild 5 zu entnehmen. Bei 0,03% C stiegen die Festigkeitswerte bei allen Prüftemperaturen zunächst mit dem Molybdängehalt an, fielen nach Erreichen eines Höchstwertes bei etwa 1,5% Mo wieder ab, um bei dem höchsten untersuchten Molybdängehalt wiederum zuzunehmen.

Die Festigkeitssteigerung durch Molybdän erwies sich als ausgesprochen stärker als durch Vanadin-Zusätze. Die Zugfestigkeit bei 20⁰ lag bei rund 4,5% Mo um etwa 15 kg/mm² höher als bei einem Stahl mit gleichem Kohlenstoffund Vanadingehalt. Hieraus ist zu schließen, daß Molybdän auch die Festigkeit des Ferritmischkristalls stärker erhöht als Vanadin.

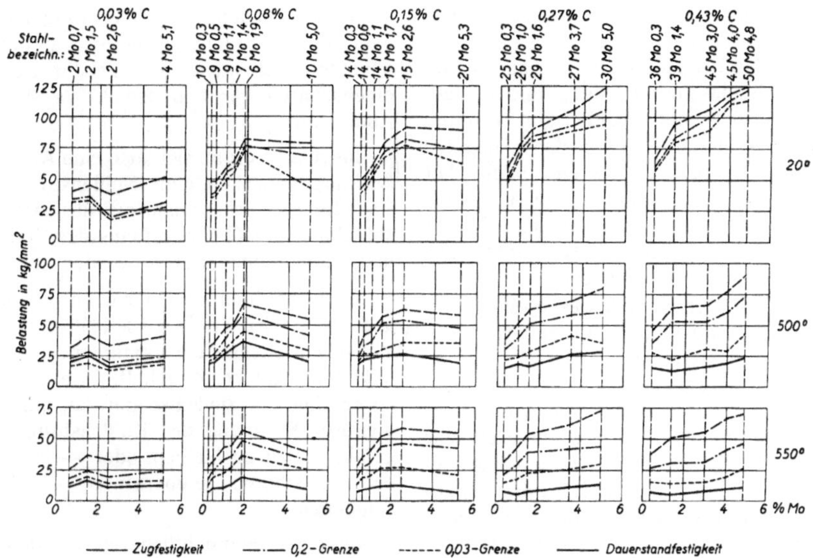

Bild 5. Die Festigkeitseigenschaften der Molybdän-Stähle mit gleichbleibendem Kohlenstoffgehalt bei verschiedenen Prüftemperaturen in Abhängigkeit vom Molybdängehalt.

Bei den Kohlenstoffgehalten von 0,08 und 0,15% C stiegen die Festigkeitseigenschaften mit wachsendem Molybdängehalt bis rund 2% recht stark an, bei 5% Mo war wieder ein Abfall eingetreten, es muß daher bei 0,08% C zwischen 1,44 und 5,0% Mo und bei 0,15% C zwischen 1,66% Mo und 5,3% Mo ein Höchstwert liegen.

Bei den Stahlgruppen mit 0,27 bzw. 0,43% C stiegen dagegen die Festigkeitseigenschaften fast durchweg bis zu den höchsten Molybdängehalten an, nur die 0,03-Grenze der Stähle 39 Mo 1,4 und 30 Mo 5,0 zeigte bei 500° Abweichungen, wobei es sich allerdings vielleicht um Meßfehler handeln kann.

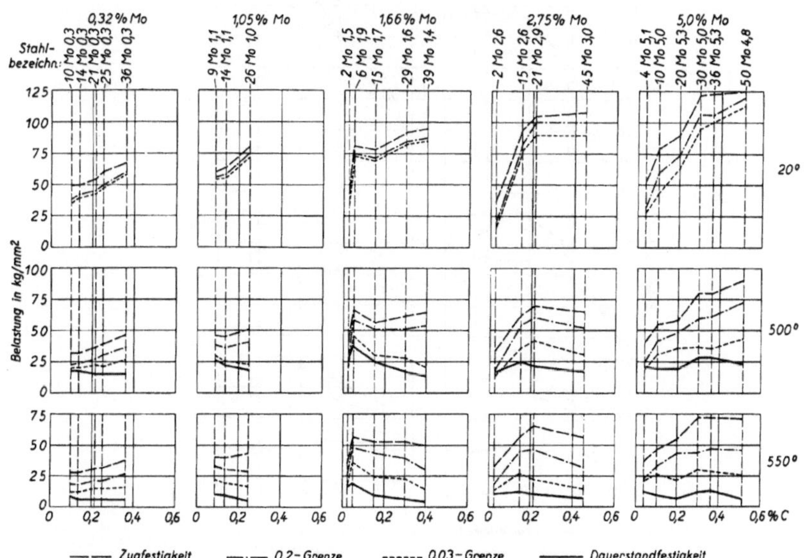

Bild 6. Die Festigkeitseigenschaften der Molybdän-Stähle mit gleichbleibendem Molybdängehalt bei verschiedenen Prüftemperaturen in Abhängigkeit vom Kohlenstoffgehalt.

Die Feststellungen von L. G u i l l e t [36]) und von E. H o u d r e m o n t und H. S c h r a d e r [25]) über den Einfluß des Molybdäns auf die Festigkeit von Stählen im geschmiedeten und normal-geglühten Zustand unterscheiden sich insofern von den hier gefundenen, als in den genannten Untersuchungen die Festigkeit auch bei niedrigen Kohlenstoffgehalten von 0,15 und 0,20% bis zu 6% Mo fortlaufend ansteigt. Dieser Unterschied dürfte in der verschiedenartigen Wärmebehandlung begründet sein.

In Bild 6 ist der Einfluß des Kohlenstoff-gehalts auf die Festigkeitseigenschaften der Molybdän-Stähle dargestellt. Bei 0,32% Mo stiegen die Festigkeitseigenschaften mit dem Kohlenstoffgehalt an. Bei 1,05% Mo war bei 20° das gleiche festzustellen, bei 500 und 550° war dagegen nur für die Zugfestigkeit ein Anstieg zu erkennen, die Dehngrenzen fielen mit steigendem Kohlenstoffgehalt ab. Bei den 3 Gruppen mit noch höheren Molybdängehalten war ähnlich wie bei den Vanadinstählen bei 20° ein anfänglich steiler, dann geringer werdender Anstieg der Festigkeitseigenschaften mit dem Kohlenstoffgehalt zu erkennen, wobei sich der Knick in den Kurven mit höheren Molybdän-gehalten zu höheren Kohlenstoffgehalten verschob. Bei den höheren Prüftemperaturen

schlug der bei höheren Kohlenstoffgehalten, also oberhalb des Knicks in den Kurven bei 20° beobachtete schwache Anstieg der Festigkeitseigenschaften für 1,66 und 2,75% Mo in einen Abfall um.

Insgesamt ergab sich also eine Art Wechsel-wirkung zwischen dem Kohlenstoff und dem Vanadin bzw. Molybdän, auf die nach der Besprechung des Gefügeaufbaus der Stähle nochmals näher eingegangen werden soll.

Auch bei den M o l y b d ä n - V a n a d i n - und M o l y b d ä n - V a n a d i n - S i l i z i u m - s t ä h l e n stiegen die Festigkeitseigenschaften mit dem Kohlenstoffgehalt, wie aus Bild 7 zu ersehen ist, zunächst steil an, um dann mit weiterer Erhöhung des Kohlenstoffgehalts ungefähr gleich zu bleiben, oder — insbesondere bei den höheren Temperaturen — wieder abzunehmen.

Zu einer übersichtlicheren Darstellung der Verhältnisse bei den verschiedenen Kohlen-stoff- und Legierungsgehalten wurde die sogenannte Schichtliniendarstellung gewählt. Auf einer Grundfläche mit dem Vanadin- bzw. Molybdängehalt als Abszisse und dem Kohlen-stoffgehalt als Ordinate wurden die einzelnen Festigkeitswerte als Punkte eingetragen und

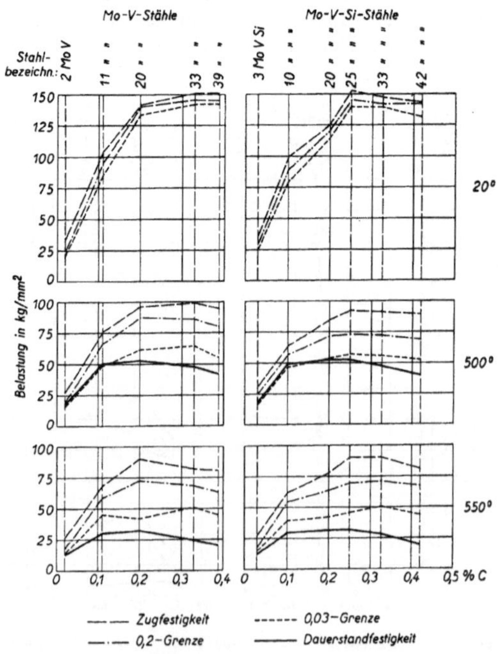

Bild 7. Die Festigkeitseigenschaften der Molybdän-Vanadin- und Molybdän-Vanadin-Silizium-Stähle bei verschiedenen Prüftemperaturen in Abhängigkeit vom Kohlenstoffgehalt.

Linien mit gleicher Festigkeit in Stufen daraus konstruiert in ähnlicher Weise, wie dies bei Landkarten mit Höhenschichtlinien üblich ist. Die Schichtliniendarstellung vermittelt also eine räumliche Vorstellung von dem Verlauf der Festigkeit bei den verschiedenen Legierungs- und Kohlenstoffgehalten.

Die Höhenschichtlinien für die Zugfestigkeit der Vanadinstähle bei Raumtemperatur (Bild 8)

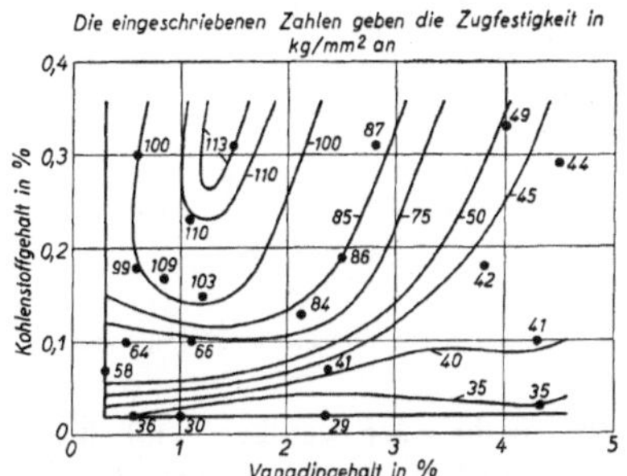

Bild 8. Zugfestigkeit vergüteter Stähle innerhalb des Systems Fe — C — V bei Raumtemperatur in Schichtliniendarstellung.

lagen ungefähr als konzentrische Kurven oder Kurventeile um einen Punkt, der mit einer Zugfestigkeit von etwa 112 kg/mm² bei etwas über 0,3% C und 1,3 bis 1,5% V liegen dürfte. Über etwa 0,3% C hinaus war der Verlauf der Höhenschichtlinien nicht weiter zu verfolgen, da höhere Kohlenstoffgehalte nicht untersucht wurden. In den drei anderen Richtungen war der Abfall zunächst bis zu einer Festigkeit von etwa 85 kg/mm² nur allmählich. Von da ab wurde er aber bis zu einer Festigkeit von etwa 45 kg/mm², bei niedrigen Kohlenstoffgehalten sogar bis zu einer Festigkeit von etwa 35 kg/mm² sehr steil, vor allem mit abnehmen-

dem Kohlenstoffgehalt. In der Ecke mit hohen Vanadingehalten und niedrigen Kohlenstoffgehalten wurde die Festigkeit durch Änderungen der Analyse nur wenig beeinflußt.

Die Schichtliniendarstellung für die Zugfestigkeit der Molybdänstähle bei Raumtemperatur (Bild 9) ergab innerhalb des untersuchten Bereichs einen Höchstpunkt bei über 0,3% C und über 5% Mo, von wo die Zugfestigkeit mit fallendem Molybdängehalt langsam, mit fallendem Kohlenstoffgehalt schneller abfiel.

Die Zugfestigkeit vergüteter Molybdänstähle bei Raumtemperatur wurde schon von J. L. G r e g g [37]) nach Versuchsergebnissen verschiedener Forscher in Abhängigkeit vom Molybdän- und Kohlenstoffgehalt dargestellt. Bei den niedrigen Legierungsgehalten stimmt die Darstellung von J. L. G r e g g [37]) grundsätzlich mit den vorliegenden Ergebnissen überein, bei den höher legierten Stählen ist aber ein Vergleich nicht möglich, da die von J. L. G r e g g [37]) benutzten Werte an Proben erhalten waren, die von zu niedrigen Temperaturen abgeschreckt worden waren, da zur Zeit ihrer Bestimmung der Einfluß des Molybdäns auf die Umwandlungstemperatur noch nicht bekannt war. Infolge der niedrigen Abschrecktemperatur fielen die Festigkeitseigenschaften nach J. L. G r e g g [37]) bereits bei Molybdängehalten ab, für die in der vorliegenden Untersuchung noch ein deutlicher Anstieg beobachtet wurde.

Der Einfluß von Vanadin, Molybdän und Kohlenstoff auf die Härtbarkeit und Anlaßbeständigkeit.

Die Brinellhärten der abgeschreckten und der auf verschiedene Temperaturen angelassenen Proben wurden in Bild 10 bis 13 in Abhängigkeit von der Anlaßtemperatur aufgetragen. Da die einzelnen Anlaßkurven in veränderlichem Abstand nebeneinander herliefen, ohne sich zu überschneiden, wurden von jeder Gruppe nur einige bemerkenswerte Anlaßkurven aufgezeichnet, und zwar in erster Linie für die höchsten und niedrigsten Legierungsgehalte bzw. die höchsten und niedrigsten Kohlenstoffgehalte.

Die V a n a d i n s t ä h l e (Bild 10) mit 0,02% C wiesen keine oder nur geringe Härtbarkeit auf. Ebenso waren auch die Vanadinstähle mit höheren Kohlenstoffgehalten und entsprechend höheren Vanadingehalten nicht härtbar, und zwar war der zur Unterdrückung der Härtbarkeit notwendige Vanadingehalt um so

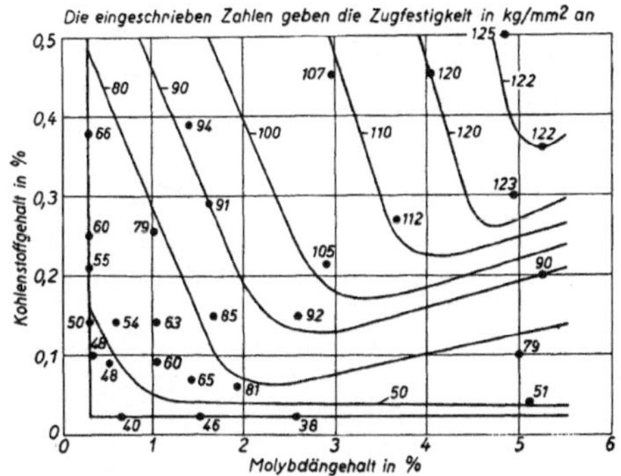

Bild 9. Zugfestigkeit vergüteter Stähle innerhalb des Systems Fe — C — Mo bei Raumtemperatur in Schichtliniendarstellung.

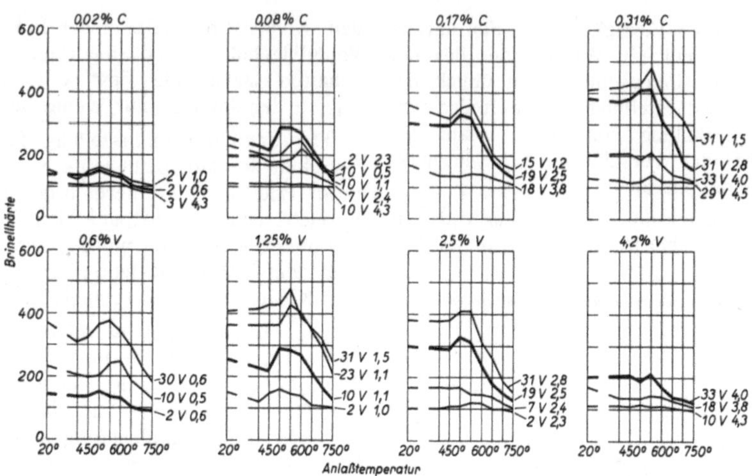

Bild. 10.   Die Brinellhärte abgeschreckter Vanadin-Stähle nach dem Anlassen auf verschiedene Temperaturen.

größer, je größer der Kohlenstoffgehalt war. So war z. B. bei 0,17% C die Härtbarkeit bei 3,8% Vanadin (Stahl 18 V 3,8) und bei 0,31% C bei 4,5% V (Stahl 29 V 4,5) fast vollständig verschwunden. Diese nicht härtbaren Stähle zeigten dementsprechend auch beim Anlassen nur geringfügige oder gar keine Härteänderungen.

Die Vanadinstähle, bei denen durch das Abschrecken eine deutliche Härtesteigerung erzielt werden konnte, ergaben beim Anlassen die bekannten Anlaßkurven für Stähle mit Ausscheidungshärtung, d. h. die Brinellhärte nahm zunächst mit der Anlaßtemperatur je nach der Zusammensetzung bis zu Temperaturen von

etwa 450° mehr oder weniger deutlich ab, um dann bei etwa 500° wieder anzusteigen. Dieser Wiederanstieg der Anlaßkurven wurde von E. Houdremont, H. Bennek und H. Schrader[34]) durch Ausscheidung von Vanadin-Sonderkarbiden erklärt. Erst nach Beendigung dieses Ausscheidungsvorgangs erfolgt infolge der Zusammenballung der Karbide bei Temperaturen von 600° und darüber der endgültige Härteabfall bis zu den Werten für den ausgeglühten Zustand. Die Wirkung der Ausscheidungshärtung war bei den Vanadinstählen besonders stark, denn mit wenigen Ausnahmen lag ihre Brinellhärte nach dem Anlassen auf 500 bis 600°, also im Ausscheidungsgebiet, höher als unmittelbar nach dem Abschrecken.

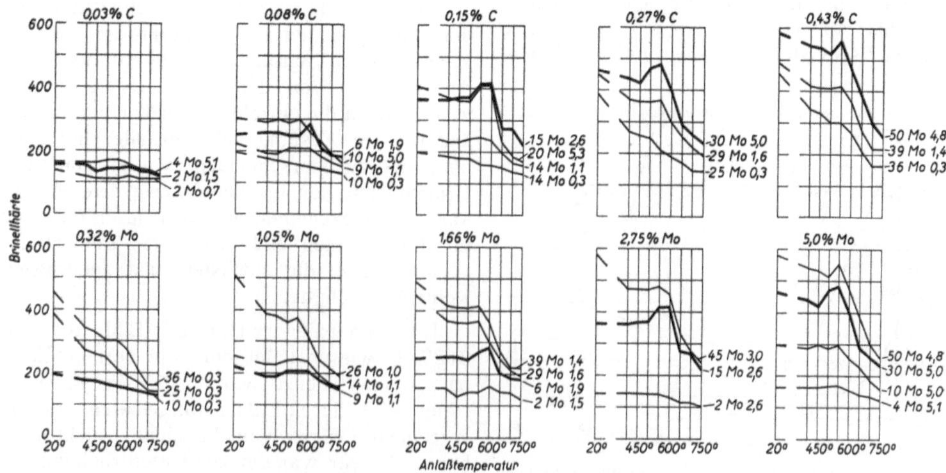

Bild 11.   Die Brinellhärte abgeschreckter Molybdän-Stähle nach dem Anlassen auf verschiedene Temperaturen.

Auch die M o l y b d ä n s t ä h l e (Bild 11) mit 0,03% C waren nicht härtbar. Bei den hohen Kohlenstoffgehalten waren aber zur Unterdrückung der Härtbarkeit wesentlich höhere Zusätze erforderlich als bei den Vanadin-ˈstählen, so daß selbst bei dem Stahl 10 M 5,0 noch eine geringe Härtesteigerung durch Abschrecken beobachtet wurde. Die übrigen Molybdänstähle zeigten wiederum deutliche Ausscheidungshärtung, die wahrscheinlich ebenfalls auf die Ausscheidung eines Sonderkarbids zurückzuführen war[25]). Der Kurvenverlauf bei den unteren und mittleren Kohlenstoffgehalten ähnelte daher sehr dem der Vanadinstähle. Bei den höheren Kohlenstoffgehalten von 0,27% und darüber lag bei den Molybdänstählen zum Unterschied von den Vanadinstählen die Härte im abgeschreckten Zustand, also die Martensithärte, bis zu 100 und mehr Brinelleinheiten höher als die Härte im Ausscheidungsgebiet. Die Martensithärte wurde jedoch schon durch das Anlassen auf niedrige Temperaturen bis zu 450° bedeutend verringert, so daß die Anlaßkurven dieser Molybdänstähle schon bei niedrigen Anlaßtemperaturen verhältnismäßig steil absanken.

Die m e h r f a c h l e g i e r t e n S t ä h l e (Bild 12 und 13) zeigten ebenfalls eine deutliche Ausscheidungshärtung. Die Abschreckhärte war bei den höheren Kohlenstoffgehalten recht groß, demgemäß der Härteabfall wie bei den Mo-

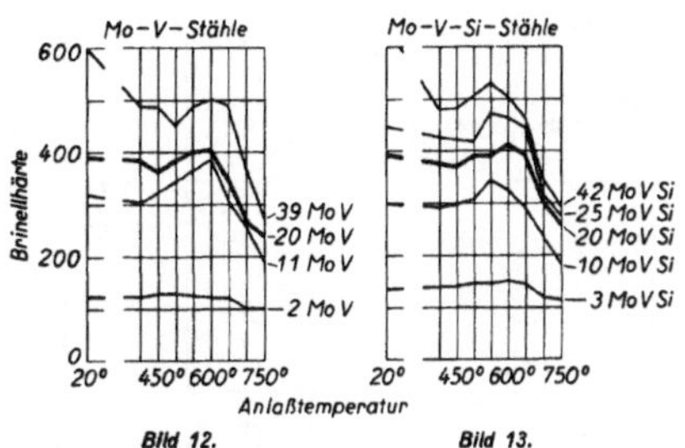

Bild 12.   **Bild 13.**

Die Brinellhärte abgeschreckter Molybdän-Vanadin-Stähle und Molybdän-Vanadin-Silizium-Stähle nach dem Anlassen auf verschiedene Temperaturen.

lybdänstählen schon bei den niedrigeren Anlaßtemperaturen steil.

Das Ergebnis der Anlaßversuche bei steigenden Anlaßtemperaturen stimmt mit dem der früheren Arbeiten von E. H o u d r e m o n t und Mitarbeitern [25, 34]) weitgehend überein. Darüber hinaus gaben die vorliegenden Versuche aber die Möglichkeit zu wichtigen Rückschlüssen bei der späteren Deutung der Dauerstandversuche.

Der E i n f l u ß d e r A n l a ß z e i t bei einer gleichbleibenden Anlaßtemperatur von 650° a u f d i e B r i n e l l h ä r t e der abgeschreckten Stähle ist aus Bild 14 bis 17 erkennbar. Um die verschiedenen Stähle besser miteinander vergleichen zu können und vor allem um den

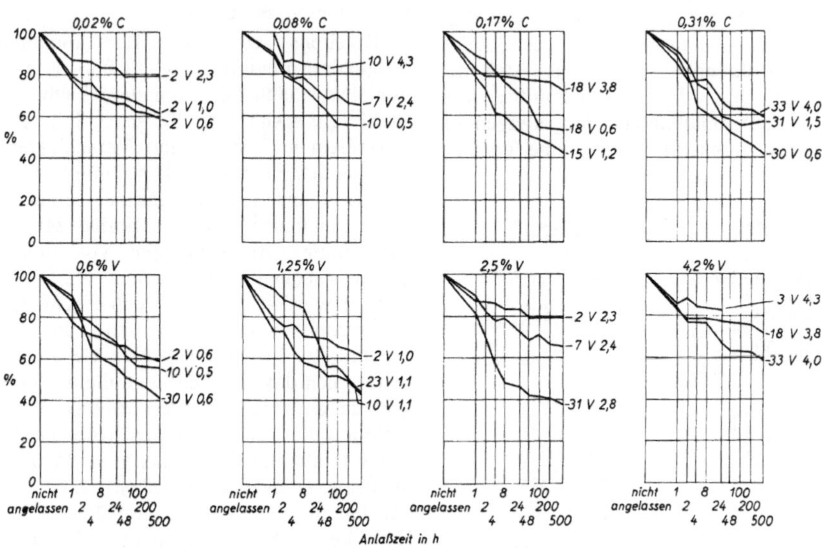

Bild 14. Prozentuale Härtewerte der Vanadin-Stähle nach verschiedenen Anlaßzeiten, bezogen auf die Härte im abgeschreckten Zustand.

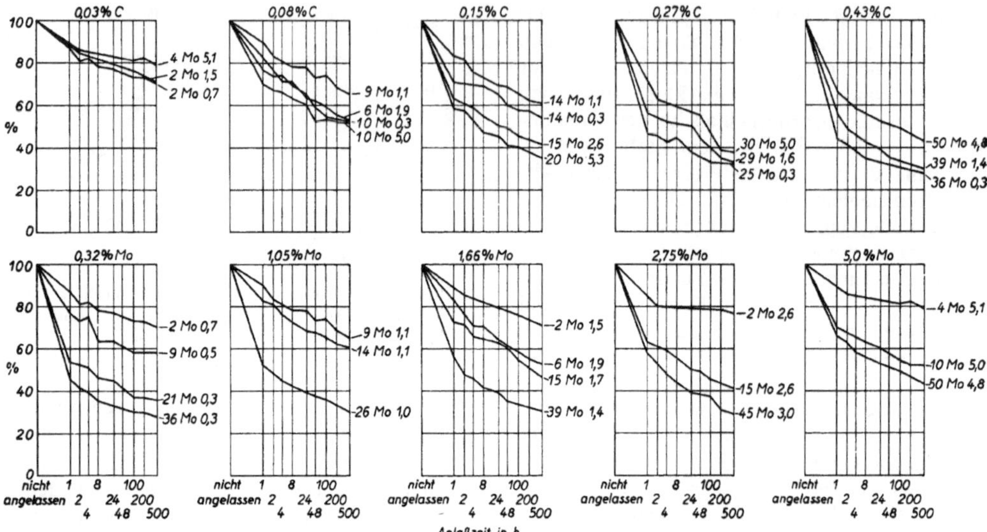

Bild 15. Prozentuale Härtewerte der Molybdän-Stähle nach verschiedenen Anlaßzeiten, bezogen auf die Härte im abgeschreckten Zustand.

Einfluß der verschiedenen Legierungs- und Kohlenstoffgehalte auf die Härteänderungen durch das Anlassen herauszustellen, wurden die nach den verschiedenen Anlaßzeiten erhaltenen Härtewerte in Prozenten der Ausgangshärte im abgeschreckten Zustand dargestellt. Die Abbildungen lassen z w e i g r u n d s ä t z - l i c h e F e s t s t e l l u n g e n zu.

Erstens nimmt die Härte durch das Anlassen bei allen Legierungsgehalten um so schneller ab, je höher der Kohlenstoffgehalt des Stahles wird. Dies ist dadurch zu erklären, daß die Martensithärte des Abschreckzustandes, wie bereits bei den Anlaßkurven mit steigender Anlaßtemperatur gezeigt wurde, eine geringe

Beständigkeit hat und daß das Ausscheidungs- und Zusammenballungsbestreben der Karbide mit steigendem Karbidgehalt des Stahles, d. h. also mit steigender Übersättigung der Grundmasse, zunimmt. Dieser Einfluß des Karbidgehalts auf das Ausscheidungsbestreben, der von E. H o u d r e m o n t, H. B e n n e k und H. S c h r a d e r [34]) bereits für einen Einzelfall nachgewiesen wurde, trifft also auf sämtliche untersuchten Stähle zu.

Zweitens geht die Härteabnahme mit steigendem Legierungsgehalt immer langsamer vor sich, unabhängig von der Härtbarkeit der Stähle. Zu erklären ist dieser Einfluß der Legierungselemente durch eine Verschleppung des Zerfalls des martensitischen Gefüges und durch die Hemmung der Karbidausscheidung und Zusammenballung[25]). Einige Stähle zeigen zwar geringfügige Abweichungen von den beiden grundsätzlichen Feststellungen, die nicht näher geklärt werden konnten. Doch erscheinen diese Abweichungen zu gering, um das Gesamtergebnis zu beeinflussen. Das Gesamtergebnis bleibt auch das gleiche, wenn die nach den verschiedenen Anlaßzeiten ermittelten Härtewerte nicht auf die Härte im abgeschreckten Zustand, sondern auf das Härtemaximum im Ausscheidungsgebiet bezogen werden, da beide Werte bei den meisten Stählen ungefähr auf gleicher Höhe liegen. Nur der relative Abfall der Stähle mit den höchsten Kohlenstoffgehalten wird etwas geringer.

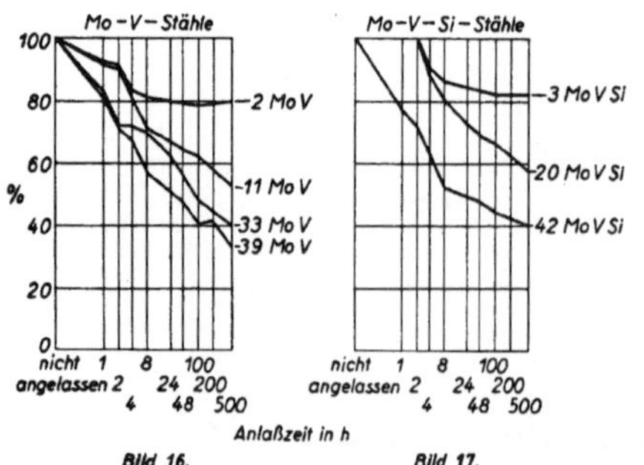

Prozentuale Härtewerte der Molybdän-Vanadin- und Molybdän-Vanadin-Silizium-Stähle nach verschiedenen Anlaßzeiten, bezogen auf die Härte im abgeschreckten Zustand.

Der Einfluß von Molybdän, Vanadin, Silizium und Kohlenstoff auf die Dauerstandfestigkeit.

Von den sehr zahlreichen Einzelversuchen zur Bestimmung der Dauerstandfestigkeit sind für jeden Stahl in den Tafeln 9 bis 12 die Versuchswerte für die Spannung angegeben, die der Dauerstandfestigkeit am nächsten kam. Die ermittelten Dauerstandfestigkeitswerte · selbst sind in den Tafeln 5 bis 8 mit aufgeführt und in Bild 3 bis 7 mit eingetragen. Hierdurch ergab sich zugleich die Möglichkeit, die Dauerstandfestigkeit mit den übrigen Festigkeitseigenschaften zu vergleichen.

Die Schaulinien für die Dauerstandfestigkeit der Vanadinstähle bei gleichbleibendem Kohlenstoffgehalt (Bild 3) hatten in ihrem Verlauf sehr viel Ähnlichkeit mit denen für die Festigkeitseigenschaften. So wirkte bei 0,02% C ein Vanadingehalt anfänglich erniedrigend auf die Dauerstandfestigkeit. Erst bei einer Erhöhung des Vanadingehalts auf 4,3% stieg die Dauerstandfestigkeit bei 500° etwas an, bei 550° war ein solcher nicht zu erkennen.

Bei 0,08% C trat wieder der den Kurvenverlauf für die Festigkeitseigenschaften kennzeichnende Höchstwert oberhalb 1,1% V deutlich ausgeprägt auf. Auch bei 0,17% C und 0,31% C war ein Höchstwert vorhanden. Dieser stimmte bei 0,17% C in seinem Vanadingehalt mit dem Höchstwert für die Zugfestigkeit bei 500 und 550° überein, während bei Raumtemperatur für diesen Vanadingehalt bereits eine Verringerung der Zugfestigkeit gegenüber dem Stahl mit dem nächstniedrigeren Vanadingehalt beobachtet wurde. Bei 0,31% C stieg die Dauerstandfestigkeit bis zu höheren Vanadingehalten als die Zugfestigkeit, und zwar bis etwa 2,8% V an. Die beobachteten Höchstwerte der Dauerstandfestigkeit lagen bemerkenswerterweise bei allen Kohlenstoffgehalten — außer bei 0,02% C — ungefähr bei den gleichen Spannungen, und zwar bei 500° bei etwa 20 bis 21 kg/mm² und bei 550° bei rund 12 kg/mm².

Nach Bild 4 ergab sich für die Abhängigkeit der Dauerstandfestigkeit vom Kohlenstoffgehalt ein von der Zugfestigkeit stärker abweichendes Bild. Der Anstieg der Dauerstandfestigkeit mit steigendem Vanadin-Gehalt war nicht nur schwächer, es trat auch schon früher ein Wiederabfall ein, bei 0,6% V nahm die Dauerstandfestigkeit sogar von dem geringsten Kohlenstoffgehalt an mit Erhöhung desselben stetig ab, während die Zugfestigkeit durch Erhöhung des Kohlenstoffgehalts eine bedeutende Steigerung erfuhr. Bei 1,25% V und 2,5% V stieg die Dauerstandfestigkeit anfänglich ebenso wie die Zugfestigkeit mit steigendem Kohlenstoffgehalt an. Aber etwa bei dem Kohlenstoffgehalt, bei dem für die Zugfestigkeit der Knick in der Schaulinie auftrat, ergab sich für die Dauerstandfestigkeit ein Höchstwert, nach dessen Überschreitung sie wieder erheblich abfiel. Der Höchstwert lag für 1,25% V zwischen 0,10 und 0,15% C, bei 2,5% V trat erst oberhalb 0,25% C ein Abfall ein. Bei 4,2% V verliefen Dauerstandfestigkeit und Zerreißfestigkeit ungefähr gleichsinnig, sie stiegen — wenn auch verschieden stark — mit dem Kohlenstoffgehalt an.

Aus diesen Versuchen ergibt sich also, daß der Einfluß von Kohlenstoff und Vanadin auf die Dauerstandfestigkeit ganz verschiedenartig sein kann. Je nachdem, wieviel Kohlenstoff oder Vanadin der Stahl enthält, bewirkt eine Erhöhung seiner Gehalte an diesen Elementen eine Zunahme oder Abnahme der Dauerstandfestigkeit. Bedeutsam erscheint die offenbare Tatsache, daß für gewisse Kohlenstoffgehalte im Stahl durch ganz bestimmte Vanadingehalte, die um so höher liegen, je mehr Kohlenstoff der Stahl enthält und in der gleichen Weise für gewisse Vanadingehalte durch ganz bestimmte Kohlenstoffgehalte ein Höchstwert der Dauerstandfestigkeit erzielt werden kann.

Der Einfluß des Molybdäns auf die Dauerstandfestigkeit bei gleichbleibendem Kohlenstoffgehalt (Bild 5) war der gleiche wie der auf die Zugfestigkeit, im Gegensatz zu den Vanadinstählen. Dauerstandfestigkeit und Festigkeitseigenschaften nahmen gleichzeitig zu oder ab, und die für den Kurvenverlauf charakteristischen Höchstwerte erschienen · für beide Eigenschaften bei den gleichen Gehalten. Die Höchstwerte der Dauerstandfestigkeit lagen bei 500° und 0,03% C bei 25 kg/mm² bzw. 17 kg/mm² bei 550°, bei 0,15% C bei 26 bzw. 13 kg/mm². Der Höchstwert bei 0,08% C hatte zugleich die absolut höchste Dauerstandfestigkeit sämtlicher Molybdänstähle mit 37 kg/mm² bei 500 bzw. 19 kg/mm² bei 550°.

Der Einfluß des Kohlenstoffs auf die Molybdänstähle (Bild 6) entsprach dem bei den Vanadinstählen. Bei den niedrigen Gehalten von 0,32 und 1,05% Mo nahm die Dauerstandfestigkeit mit steigendem Kohlenstoffgehalt ab, während die Festigkeit zunahm. Bei den übrigen Molybdängehalten nahm die Dauer-

Tafel 9.

Dehnung und Dehngeschwindigkeit der Vanadin-Stähle beim Dauerstandversuch mit der der Dauerstandfestigkeit entsprechenden Belastung.

Stahl-Bezeichnung	Prüf-temperatur	Belastung kg/mm²	Anfangs-	Zeit-	Gesamt-	Bleibende	Dehngeschwindigkeit in 10^{-4} %/h zwischen der	
			Dehnung in 10^{-3} %				5.—10. h	25.—35. h
2 V 0,6	500⁰	13	66	47	113	47	14	6,5
	550⁰	12	68	310	378	304	25	18
2 V 1,0	500⁰	11	76	45	121	54	10	4
	550⁰	7	29	17	46	21	6	2
2 V 2,3	500⁰	8	56	15	71	28	5	2
	550⁰	8	64	59	123	74	15	11
3 V 4,3	500⁰	9	59	20	79	20	5	2,5
	550⁰	8	53	124	177	134	32	22
7 V 0,3	500⁰	6	28	54	82	43	14	9
	550⁰	2	13	31	44	31	6	4
10 V 0,5	500⁰	13	80	61	141	67	13	10
	550⁰	6	40	27	67	30	6	4
10 V 1,1	500⁰	21	135	101	236	109	28	10
	550⁰	13	77	93	170	72	20	11
7 V 2,4	500⁰	13	83	60	143	64	16	5
	550⁰	10	77	78	155	77	25	10
10 V 4,3	500⁰	11	84	121	205	133	44	8
	550⁰	8	52	85	137	87	23	10
18 V 0,6	500⁰	9	66	42	108	43	10	6
	550⁰	5	32	92	124	85	22	10
17 V 0,8	500⁰	13	89	94	183	89	20	12
	550⁰	8	38	107	145	102	22	14
15 V 1,2	500⁰	20	130	125	255	117	36	12
	550⁰	10	63	65	128	60	13	6
13 V 2,1	500⁰	22	170	208	378	210	40	16
	550⁰	11	71	70	141	57	18	7
19 V 2,5	500⁰	22	130	112	242	106	26	11
	550⁰	12	65	75	170	65	20	10
18 V 3,8	500⁰	12	83	141	224	140	38	12,5
	550⁰	5	30	15	45	15	3	1
30 V 0,6	500⁰	6	44	66	110	62	19	8
	550⁰	2	12	31	43	26	10	3,5
23 V 1,1	500⁰	10	60	105	165	92	27	16
	550⁰	7	41	313	354	307	64	38
31 V 1,5	500⁰	11	65	82	147	76	24	12
	550⁰	5	31	81	112	81	13	10
31 V 2,8	500⁰	20	128	145	273	132	33	12
	550⁰	12	79	87	166	80	21	12
33 V 4,0	500⁰	15	103	111	214	117	30	15
	550⁰	10	66	61	127	62	15	10
29 V 4,5	500⁰	9	46	29	75	34	8	3,5
	550⁰	7	44	41	85	42	8	3,5
8 V 1,8	500⁰	17	99	62	161	65	12	9
15 V 4,1	500⁰	11	63	84	147	73	19	11
30 V 3,1	500⁰	17	110	101	211	96	24	10

Tafel 10.

Dehnung und Dehngeschwindigkeit der Molybdän-Stähle beim Dauerstandversuch mit der der Dauerstandfestigkeit entsprechenden Belastung.

Stahl-Bezeichnung	Prüftemperatur	Belastung kg/mm²	Anfangs-	Zeit-	Gesamt-	Bleibende	Dehngeschwindigkeit in 10^{-4} %/h zwischen der 5.—10. h	25.—35. h
2 Mo 0,7	500⁰	18	107	75	182	72	14	7
	550⁰	11	65	74	139	67	18	10
2 Mo 1,5	500⁰	24	264	64	328	174	15	7
	550⁰	16	105	70	175	73	19	7,5
2 Mo 2,6	500⁰	17	194	96	290	190	18	10
	550⁰	9	49	25	74	26	6	4,5
4 Mo 5,1	500⁰	20	160	95	255	145	24	7,5
	550⁰	11	70	58	128	57	9	5
10 Mo 0,3	500⁰	17	116	78	194	84	9	4,5
	550⁰	9	41	85	126	90	20	12
9 Mo 0,5	500⁰	20	126	69	195	79	20	8
	550⁰	11	65	84	149	77	20	12
9 Mo 1,1	500⁰	28	173	78	251	80	16	11
	550⁰	12	67	80	147	71	20	14
7 Mo 1,4	500⁰	32	190	87	277	92	23	11,5
	550⁰	13	75	52	127	42	14	9
6 Mo 1,9	500⁰	36	213	82	295	95	26	9
	550⁰	18	101	88	189	75	13	8,5
10 Mo 5,0	500⁰	22	141	161	302	167	46	14
	550⁰	12	76	103	179	100	34	14
14 Mo 0,3	500⁰	18	113	107	220	120	36	10
	550⁰	6	39	101	140	95	34	6
14 Mo 0,6	500⁰	20	143	89	232	97	28	6,5
	550⁰	9	54	82	136	77	19	10
14 Mo 1,1	500⁰	22	125	77	202	70	20	9
	550⁰	12	96	115	211	106	34	17
15 Mo 1,7	500⁰	26	176	120	296	131	26	11
	550⁰	12	70	71	141	36	13	12
15 Mo 2,6	500⁰	26	140	108	248	93	22	10
	550⁰	12	79	83	162	78	22	9
21 Mo 0,3	500⁰	13	79	31	110	37	8	4
	550⁰	10	69	165	234	165	60	14
21 Mo 2,9	500⁰	20	111	67	178	42	21	8
	550⁰	13	85	195	280	202	34	25
20 Mo 5,3	500⁰	20	116	117	233	110	28	11
	550⁰	7	50	46	96	44	10	8
25 Mo 0,3	500⁰	16	100	111	211	100	33	10,5
	550⁰	6	40	63	103	63	14	6
26 Mo 1,0	500⁰	18	100	147	247	120	58	10
	550⁰	9	52	92	144	82	26	13
29 Mo 1,6	500⁰	18	110	113	223	115	25	11
	550⁰	8	53	88	141	84	23	12
27 Mo 3,7	500⁰	24	155	75	230	75	20	5
	550⁰	12	85	100	185	99	17	12
30 Mo 5,0	500⁰	28	170	87	257	84	22	10
	550⁰	13	75	76	151	59	20	10
36 Mo 0,3	500⁰	16	84	72	156	72	15	11
	550⁰	6	29	34	63	33	8,5	4
39 Mo 1,4	500⁰	12	69	90	159	86	23	8
	550⁰	5	24	36	60	34	9	4
45 Mo 3,0	500⁰	17	110	107	217	108	31	9,5
	550⁰	8	58	68	126	69	20	10
45 Mo 4,0	500⁰	20	123	105	228	103	21	11
	550⁰	9	50	66	116	61	16	10
50 Mo 4,8	500⁰	26	155	119	274	104	37	17
	550⁰	10	62	76	148	74	20	10
36 Mo 5,3	500⁰	26	175	82	257	94	20	7,5
	550⁰	13	77	70	147	68	12	9
27 Mo 5,1	500⁰	18	107	109	216	105	28	13
16 Mo 3,8	500⁰	23	114	107	221	85	33	15

Tafel 11.

Dehnung und Dehngeschwindigkeit der Molybdän-Vanadin-Stähle beim Dauerstandversuch mit der der Dauerstandfestigkeit entsprechenden Belastung.

Stahl-Bezeich-nung	Prüf-temperatur	Belastung kg/mm²	Anfangs-	Zeit-	Gesamt-	Bleibende	Dehngeschwindigkeit in 10^{-4} %/h zwischen der	
				Dehnung in 10^{-3} %			5.—10. h	25.—35. h
2 Mo V	500⁰	15	131	66	197	110	18	3,0
	550⁰	12	87	115	202	114	42	10
11 Mo V	500⁰	48	299	109	408	116	16	7,5
	550⁰	30	190	72	262	85	20	10
20 Mo V	500⁰	55	438	146	584	234	37	12,5
	550⁰	32	193	53	246	50	15	9
33 Mo V	500⁰	50	316	103	419	132	28	12
	550⁰	28	156	132	288	103	32	17
39 Mo V	500⁰	42	274	133	407	170	27	10
	550⁰	20	119	71	190	63	15	9

standfestigkeit im Gebiet des Steilanstiegs der Festigkeit zu bis zur Erreichung eines Höchstwertes bei dem gleichen Kohlenstoffgehalt, bei dem die Kurve für die Festigkeitseigenschaften den kennzeichnenden Knick aufwies. Oberhalb dieser Gehalte nahm aber die Dauerstandfestigkeit im Gegensatz zur Zugfestigkeit bei 20⁰ mit steigendem Kohlenstoffgehalt ab.

Tafel 12.

Dehnung und Dehngeschwindigkeit der Molybdän-Vanadin-Silizium-Stähle beim Dauerstandversuch mit der der Dauerstandfestigkeit entsprechenden Belastung.

Stahl-Bezeich-nung	Prüf-temperatur	Belastung kg/mm²	Anfangs-	Zeit-	Gesamt-	Bleibende	Dehngeschwindigkeit in 10^{-4} %/h zwischen der	
				Dehnung in 10^{-3} %			5.—10. h	25.—35. h
3 Mo V Si	500⁰	18	170	224	394	294	52	23
	550⁰	12	80	122	202	102	23	10
10 Mo V Si	500⁰	49	330	167	497	209	46	10
	550⁰	27	190	54	244	58	12	5,5
20 Mo V Si	500⁰	54	286	109	395	98	31	10,5
	550⁰	33	205	76	281	71	20	11,5
25 Mo V Si	500⁰	52	300	83	383	90	17	8
	550⁰	32	208	113	321	109	24	10
33 Mo V Si	500⁰	48	284	75	359	74	19	10
	550⁰	29	180	104	284	90	26	10
42 Mo V Si	500⁰	38	221	74	295	72	19	7
	550⁰	19	122	72	194	73	15	9

Ein Vergleich der Höchstwerte der Molybdänstähle mit denen der Vanadinstähle zeigt, daß durch Molybdänzusatz erheblich höhere Dauerstandfestigkeiten erreicht werden können, als durch Vanadinzusatz. Sonst ist der Einfluß des Molybdäns auf die Dauerstandfestigkeit ganz ähnlich wie der des Vanadins und von dem Gehalt des Stahles an Kohlenstoff oder Molybdän weitgehend abhängig. Zur Erreichung von Höchstwerten der Dauerstandfestigkeit waren wiederum ganz bestimmte Gehalte an beiden Elementen erforderlich. Darüber hinaus wurde bei den Molybdänstählen bei einer Zusammensetzung ein Höchstwert für die Dauerstandfestigkeit ermittelt, der sämtliche anderen Stähle bei weitem übertraf.

Bei den mehrfach legierten Stählen ergab sich für den Einfluß des Kohlenstoffgehalts auf die Dauerstandfestigkeit die gleiche Gesetzmäßigkeit wie bei den einfach legierten Stählen (Bild 7), d. h. die Dauerstandfestigkeit stieg bei den unteren Kohlenstoffgehalten ebenso wie die Zugfestigkeit an, bis bei einem bestimmten Kohlenstoffgehalt, bei dem auch der Knick in der Kurve für die Festigkeitseigenschaften lag, ein Höchstwert erreicht wurde. Der anschließende Abfall vollzog sich aber bei der Dauerstandfestigkeit stärker als bei der Zugfestigkeit. Die Dauerstandfestigkeit der mehrfach legierten Stähle nahm bis etwa 0,11% C sehr schnell zu, die weitere Steigerung durch Zunahme des Kohlenstoffgehalts von 0,11 auf 0,20% war verhältnismäßig gering.

Der Höchstwert für die Molybdän-Vanadinstähle lag bei dem Stahl 20 Mo V mit 52 kg/mm² bei 500⁰ und 32 kg/mm² bei 550⁰. Der Höchstwert für die Molybdän-Vanadin-Siliziumstähle ergab sich für den Stahl 20 Mo V Si. Dieser Stahl wies die gleiche Dauerstandfestigkeit auf, wie der vorher erwähnte Molybdän-Vanadinstahl, obwohl sein Molybdängehalt bei gleichem Vanadingehalt 0,42% niedriger lag. Danach kann Silizium das Molybdän in Molybdän-Vanadinstählen teilweise ersetzen. Dieser, die Dauerstandfestigkeit verbessernde Einfluß des Siliziums scheint sich aber nur auf Stähle bestimmter Zusammensetzung zu beschränken, denn nach den Ergebnissen von M. Fleishmann[38]) wird in einem Stahl mit 0,10% C, 5% Cr und 0,5% Mo die Dauerstandfestigkeit durch Erhöhung des Siliziumgehalts von 0,18 auf 1,55% bedeutend erniedrigt. Eine ähnliche Beobachtung machten W. Tofaute und W. Ruttmann[39]) an Stählen mit 3% Cr bei Prüftemperaturen von 500 und 550⁰.

Die Dauerstandfestigkeit innerhalb der Systeme Eisen-Kohlenstoff-Vanadin und Eisen-Kohlenstoff-Molybdän.

Die für 500⁰ ermittelten Dauerstandfestigkeitswerte wurden zu einer Schichtliniendarstellung zusammengefaßt. Für die Vanadinstähle (Bild 18) ergab sich für die Höchstwerte der Dauerstandfestigkeit — über 20 kg/mm² — ein langgestrecktes Gebiet von etwa elliptischer Form; es begann bei etwa 1,2% V und 0,05% C und zog sich schräg durch das gesamte System bis etwa 3% V und 0,30% C. Von diesem Gebiet aus fiel die Dauerstandfestigkeit nach allen

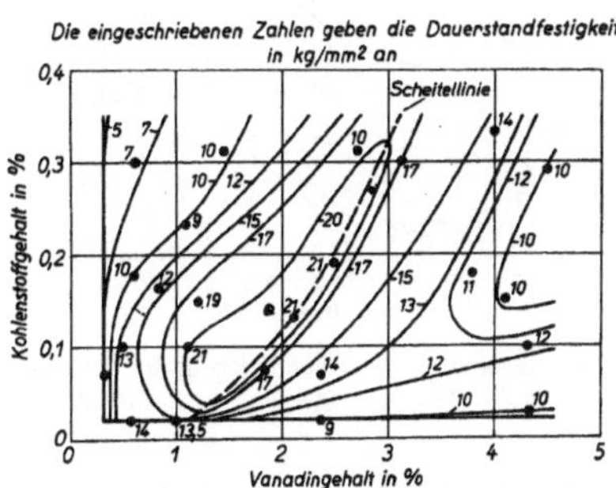

Bild 18. Dauerstandfestigkeit vergüteter Stähle innerhalb des Systems Fe — C — V bei 500⁰ in Schichtliniendarstellung.

Seiten mehr oder weniger schroff ab. In der Mitte dieses Gebiets mit hoher Dauerstandfestigkeit, etwa mit dem großen Radius der Ellipse zusammenfallend, lag eine Linie höchster Dauerstandfestigkeit. Diese Linie war also, mathematisch ausgedrückt, der geometrische Ort aller Punkte, die im System Eisen-Kohlenstoff-Vanadin Höchstwerte der Dauerstandfestigkeit ergaben. Diese Linie, die im folgenden stets mit „Scheitellinie" bezeichnet wird, setzte sich in gleicher Richtung auch bei höheren und niedrigeren Vanadingehalten in die Gebiete mit geringerer Dauerstandfestigkeit fort.

Die Dauerstandwerte für die verschiedenen Stähle fügten sich sehr gut in die Schichtliniendarstellung ein. Nur der Stahl 10 V 4,3 fiel aus unersichtlichen Gründen etwas aus dem allgemeinen Rahmen.

Durch die Schichtliniendarstellung wird klar, daß bei jedem Kohlenstoffgehalt durch ganz bestimmte Vanadingehalte, und umgekehrt bei jedem Vanadingehalt durch ganz bestimmte Kohlenstoffgehalte Höchstwerte der Dauerstandfestigkeit erzielt werden.

Auch im Schichtlinienbild für die Dauerstandfestigkeit der Molybdänstähle (Bild 19) war ähnlich, wie bei den Vanadinstählen, eine Scheitellinie zu erkennen, auf der sich alle Höchstwerte für die Dauerstandfestigkeit aneinanderreihten. Die Scheitellinie begann bei dem Stahl 2 Mo 1,5 und verlief diagonal durch das System bis etwa 5,3% Mo und 0,35% C.

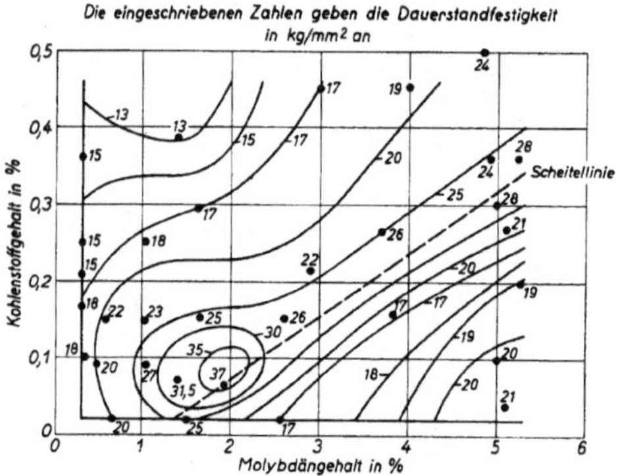

Bild 19. Dauerstandfestigkeit vergüteter Stähle innerhalb des Systems Fe — C — Mo bei 500° in Schichtliniendarstellung.

Der Stahl 6 Mo 19, der auf der Scheitellinie lag, war zugleich die Spitze eines Kegels mit sehr hoher Dauerstandfestigkeit. Von der Kegelspitze aus fiel die Dauerstandfestigkeit zu höheren Molybdängehalten steil ab bis auf 17 kg/mm², um dann wieder zuzunehmen. Zu geringeren Molybdängehalten und gleichzeitig höheren Kohlenstoffgehalten fiel die Dauerstandfestigkeit von der Kegelspitze an allmählicher ab.

Auch bei den Molybdänstählen sind also zur Erreichung von Höchstwerten der Dauerstandfestigkeit, genau wie bei den Vanadinstählen bestimmte Molybdän- und Kohlenstoffgehalte einander zugeordnet.

Vergleich der Dauerstandfestigkeit mit den im Zerreißversuch ermittelten Festigkeitseigenschaften.

Bei der vergleichenden Betrachtung des Kurvenverlaufs für die Dauerstandfestigkeit einerseits und die im Kurzzerreißversuch ermittelten Festigkeitseigenschaften andererseits ergibt sich, wie bereits bei der Besprechung der Dauerstandversuche mehrfach betont wurde, daß die Elemente Vanadin, Molybdän und Kohlenstoff diese Eigenschaften des Stahls je nach seiner Zusammensetzung zum Teil in gleicher, zum Teil aber in entgegengesetzter Weise beeinflussen. Nur die Zugfestigkeit und vor allem die Dehngrenzen bei den höheren Prüftemperaturen gleichen sich der Dauerstandfestigkeit etwas an.

Abgesehen von dieser Annäherung der Dehngrenzen bei höheren Temperaturen an die Dauerstandfestigkeit ist zu dem Vergleich der Dauerstandfestigkeit mit den beim Kurzversuch ermittelten Festigkeitseigenschaften zusammenfassend zu sagen, daß zwar die Molybdän- und Vanadinstähle mit Dauerstandhöchstwerten eine verhältnismäßig hohe Zugfestigkeit, deren untere Grenze bei etwa 70 kg/mm² liegt, aufweisen, daß es aber in Übereinstimmung mit früheren Feststellungen nicht möglich ist, aus der Zugfestigkeit eines Stahles auf seine Dauerstandfestigkeit zu schließen. Beide Stahleigenschaften unterliegen verschiedenen Gesetzmäßigkeiten und werden insbesondere auch von den Legierungselementen Vanadin und Molybdän und vom Kohlenstoff in gänzlich anderer Weise beeinflußt.

Wie verschiedenartig die genannten Elemente die Dauerstandfestigkeit und die Zugfestigkeit bei 20° ändern, geht im folgenden auch aus Bild 20 bis 23 hervor, in denen das Verhältnis

$$\frac{\text{Dauerstandfestigkeit bei } 500° \cdot 100}{\text{Zugfestigkeit bei } 20°} = \%$$

in Abhängigkeit vom Kohlenstoff- und Legierungsgehalt dargestellt ist. Die für diese Darstellung errechneten Werte wurden in die Tafeln 5 bis 8 mit aufgenommen.

Mit steigendem Vanadin- aber gleichbleibendem Kohlenstoffgehalt nahm das Verhältnis der Dauerstandfestigkeit zur Zugfestigkeit bei dem niedrigsten Kohlenstoffgehalt von 0,02% nach einer anfänglichen geringen Zunahme ab. Bei 0,08% C war ein Ansteigen des Verhältnisses bis etwa 2,5% V zu beobachten, bei 0,17% C sogar ein fortlaufender Anstieg. Bei 0,31% C trat nach einem deutlichen Anstieg bis etwa 4% V wieder eine geringe Abnahme ein.

Molybdän war bei dem niedrigsten Kohlenstoffgehalt von 0,02% und bei den Stählen mit 0,27 und 0,43% C fast ohne Einfluß auf das Verhältnis der Dauerstandfestigkeit zur Zugfestigkeit bei 20°. Bei den mittleren Gehalten von 0,08 und 0,16% stieg das Verhältnis bis etwa 1,5 bzw. 0,5% Mo etwas an, um bei weiterer Erhöhung des Molybdängehalts wieder abzufallen.

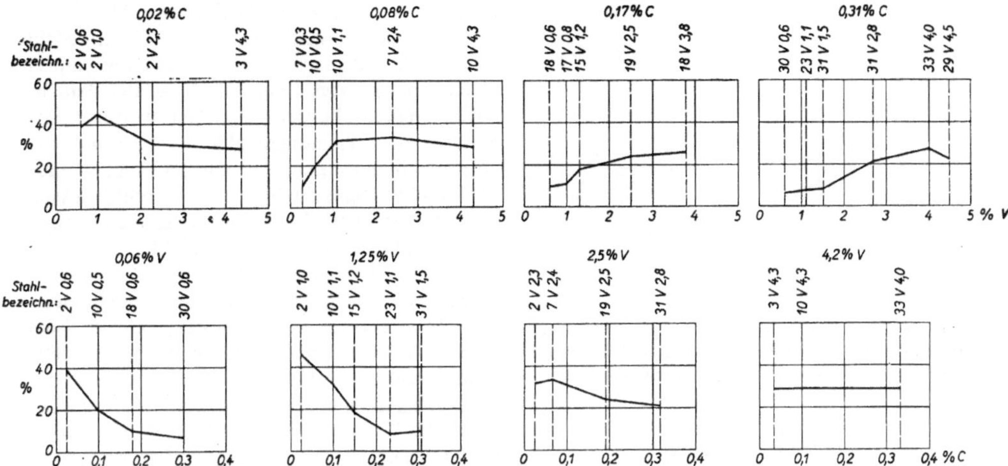

Bild 20. Verhältnis der Dauerstandfestigkeit bei 500⁰ zur Zugfestigkeit bei 20⁰ für die Vanadin-Stähle in Abhängigkeit vom Vanadin- und Kohlenstoffgehalt.

Der Einfluß der Legierungselemente auf das Verhältnis der Dauerstandfestigkeit zur Zugfestigkeit bei 20⁰ war also recht verwickelt und wenig einheitlich. Eine klare Gesetzmäßigkeit war nicht zu erkennen.

Der Einfluß des Kohlenstoffs kam bei weitem deutlicher zum Ausdruck. Es ergab sich eine deutliche Abhängigkeit des Verhältnisses der Dauerstandfestigkeit zur Zugfestigkeit vom Kohlenstoffgehalt, denn in sämtlichen Stahlgruppen mit gleichbleibendem Legierungsgehalt, auch bei den mehrfach legierten Stählen (Bild 22 und 23) nahm das Verhältnis mit steigendem Kohlenstoffgehalt ab. Wird also, z. B. aus Gründen der Bearbeitung, oder um hohe Zähigkeit zu erhalten, günstige Dauerstandfestigkeit bei niedriger Festigkeit verlangt, so sind Stähle mit niedrigem Kohlenstoffgehalt zu wählen.

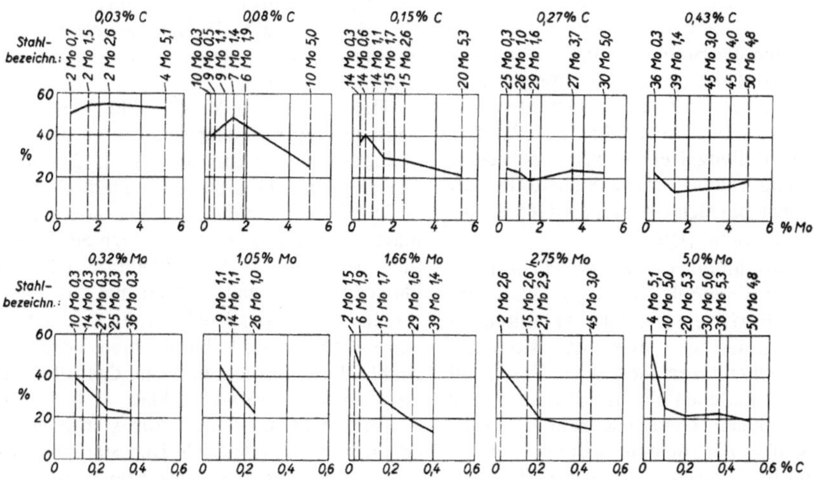

Bild 21. Verhältnis der Dauerstandfestigkeit bei 500⁰ zur Zugfestigkeit bei 20⁰ für die Molybdän-Stähle in Abhängigkeit vom Molybdän- und Kohlenstoffgehalt.

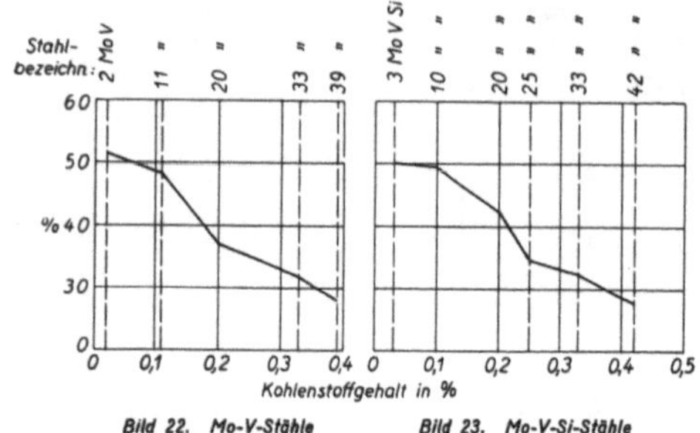

Bild 22. Mo-V-Stähle   Bild 23. Mo-V-Si-Stähle

Verhältnis der Dauerstandfestigkeit bei 500⁰ zur Zugfestigkeit bei 20⁰ für die Molybdän-Vanadin- und Molybdän-Vanadin-Silizium-Stähle in Abhängigkeit vom Kohlenstoffgehalt.

Gefügeuntersuchung.

Die Gefügebilder der vergüteten Stähle wurden so zusammengestellt, daß von links nach rechts der Vanadin- bzw. Molybdängehalt und von unten nach oben der Kohlenstoffgehalt anstieg. Jede waagerechte Reihe der Gefügebilder hatte also gleichen Kohlenstoffgehalt und jede senkrechte Reihe gleichen Gehalt an Vanadin bzw. Molybdän. Einige Gefügebilder, die nichts wesentlich Neues brachten, fielen fort.

Das Gefüge der Vanadinstähle (Bild 24) bestand bei 0,02% C aus reinem Ferrit. Bei den niedrigen Vanadingehalten waren die Korngrenzen zackig ausgebildet, während bei den höheren Vanadingehalten normale glatte Korngrenzenlinien zu erkennen waren. Dieser Unterschied hatte seine Ursache in der Abschnürung des γ-Gebietes durch Vanadin, die bei 0,02% C bei etwa 1,3% V eintritt. Infolge dieser Abschnürung hatten die Stähle mit 0,6 und 1,0% V beim Abschrecken die γ/α-Umwandlung durchgemacht, die zu der gezackten Gefügeausbildung führte, während die Stähle mit 2,3 und 4,3% V umwandlungsfrei waren. Zu einer Martensitbildung reichte der Kohlenstoffgehalt von 0,02% auch bei den aus dem γ-Gebiet abgeschreckten Stählen nicht aus.

In der Stahlreihe mit etwa 0,08% C war dagegen bei den Stählen mit 0,5% und 1,1% V im Gefüge neben Ferrit ein erheblicher Anteil an Martensit vorhanden, der allerdings durch das Anlassen weitgehend zerfallen war. Der Stahl mit 2,4% V bestand ebenfalls aus Martensit und Ferrit, doch war sein Gefüge wesentlich grobkörniger als das der beiden vorhergehenden Stähle. Außerdem waren Martensit und Ferrit streng voneinander geschieden. Dieser Stahl war, obwohl er den gleichen Vanadingehalt

aufwies, wie der rein ferritische Stahl 2 V 2,3 — infolge der Erweiterung des bei diesem Stahl vollständig abgeschnürten γ-Gebietes durch Hinzulegieren von Kohlenstoff — aus dem α- und γ-Gebiet abgeschreckt. Bei weiterer Erhöhung des Vanadingehalts verschwand die Martensitbildung ganz, da das γ-Gebiet wieder vollständig abgeschnürt wurde. Infolgedessen wies der Stahl 10 V 4,3 rein ferritisches Gefüge mit Vanadinkarbideinschlüssen auf.

Bei 0,17% C und niedrigem Vanadingehalt wurde die beim Abschrecken entstandene Ferritmenge geringer, sodaß der Stahl 18 V 0,6 beinahe keinen Ferrit mehr erkennen ließ, während die Stähle 15 V 1,2 und 19 V 2,5 vollständig aus zerfallenem Martensit bestanden. Bei dem Stahl 18 V 3,8 war das γ-Gebiet durch den hohen Vanadingehalt wieder vollständig abgeschnürt, sodaß er aus Ferrit und Karbid bestand.

Auch bei 0,31% C war beim Abschrecken der Stähle mit niedrigen Vanadingehalten reiner Martensit entstanden. Bei dem Stahl 31 V 2,8 war das Vanadinkarbid nicht vollständig in Lösung gegangen, so daß im Gefüge neben Martensit noch zahlreiche Vanadinkarbidkörnchen zu erkennen waren, die auch der Stahl 19 V 2,5 in geringen Mengen enthielt. Der Stahl 29 V 4,5 war wieder vollständig umwandlungsfrei und bestand aus Ferrit mit zahlreichen Vanadinkarbiden.

Der Übergang von der unvollständigen Härtung der niedrig legierten Stähle mit vollständiger α/γ-Umwandlung zu den Stählen mit reiner Martensitbildung, der durch das Anlassen etwas verwischt wurde, wird durch die Bilder Nr. 25a, b, c, die die Gefüge dreier Stähle im abgeschreckten, nicht angelassenen Zustand bringen, deutlicher.

Beim Stahl 10 V 0,5 (Bild 25a) war eine deutliche Entmischung eingetreten. Ein Teil des Gefüges bestand aus Martensit, der Rest aus Ferrit. Das Gefüge des Stahles 18 V 0,6 (Bild 25b) lag gerade am Übergang zum reinen Martensit und wies noch geringe Ferritreste auf. Der Stahl 31 V 1,5 (Bild 25c) lag tief im Martensitgebiet und bestand nur aus Martensit.

Der Einfluß des Kohlenstoffs auf die Grenzen des γ-Gebiets wird durch einen Vergleich der Stähle der senkrechten Reihe des Bildes 24 mit etwa 2,5% V besonders klar.

Der Stahl mit dem niedrigsten Kohlenstoffgehalt war rein ferritisch. Der Stahl mit 0,07% C war halbferritisch und die Stähle mit 0,17 und 0,31% C waren perlitisch bzw. martensitisch, wobei bei 0,31% C bereits freies Karbid auftrat.

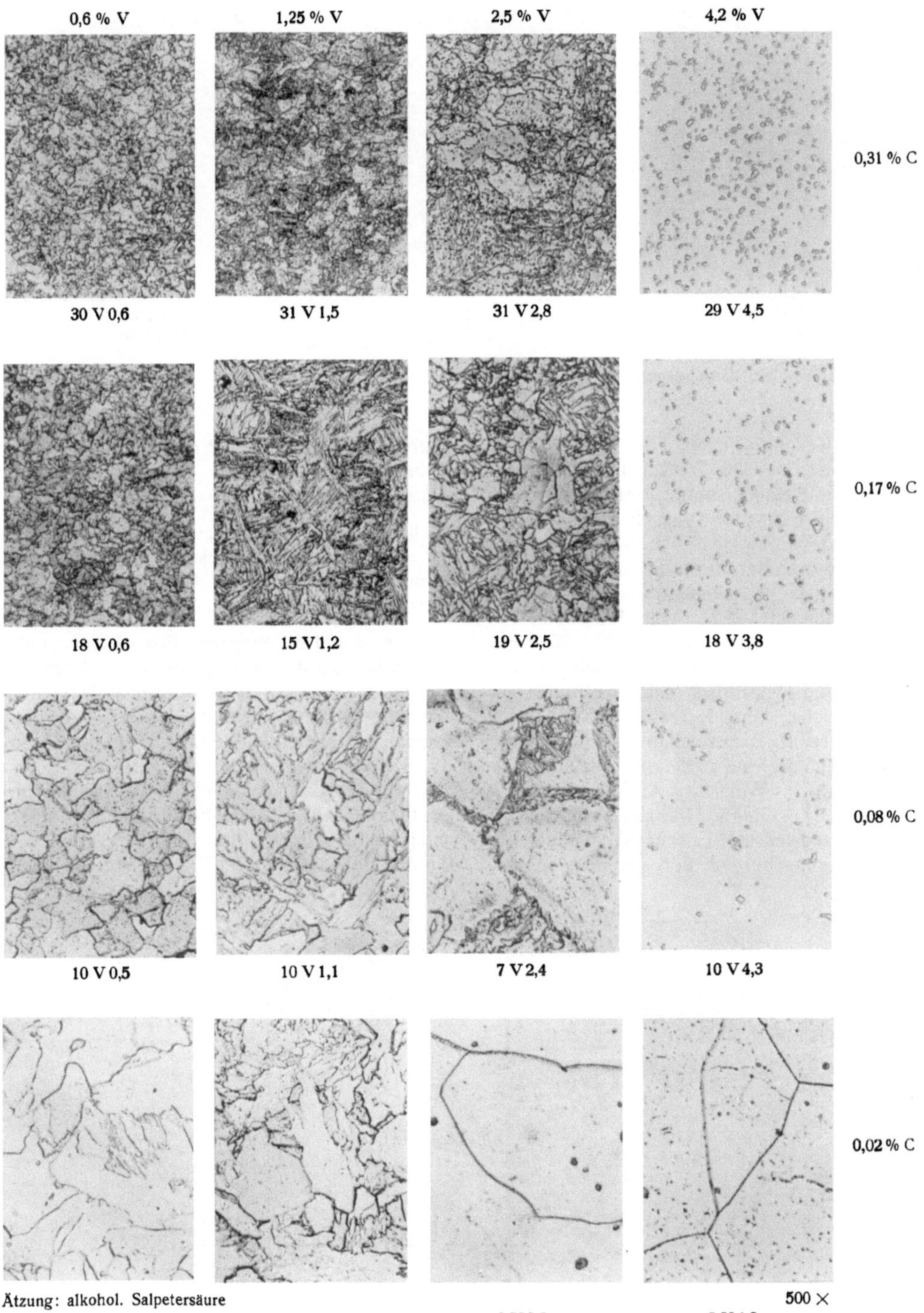

Bild 24. Das Gefüge der Vanadin-Stähle im vergüteten Zustand.

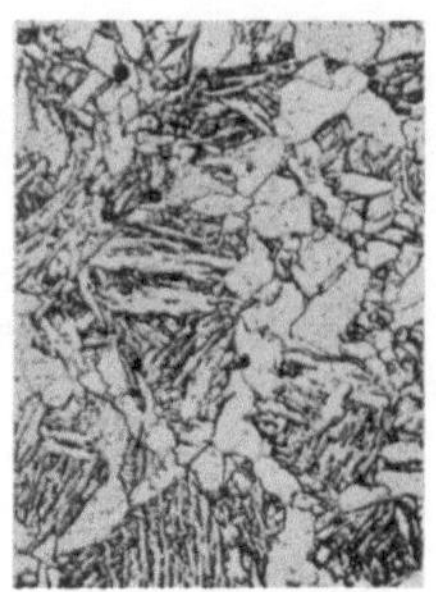

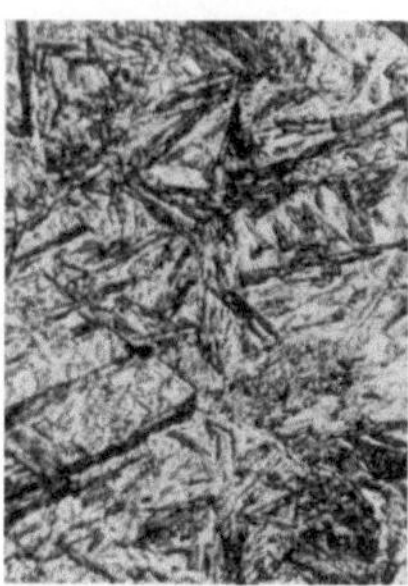

Ätzung: alkohol. Salpetersäure
Bild 25a.
Stahl 10 V 0,5

Bild 25b.
18 V 0,6

500 ×
Bild 25c.
31 V 1,5

Bild 25a—25c. Unvollständig und vollständig gehärtete Vanadin-Stähle verschiedener Zusammensetzung.

Das Gesamtergebnis der Gefügeuntersuchung ist in Bild 26 schematisch dargestellt. Der Befund stimmt mit dem von H. Hougardy[26]) und von F. Wever, A. Rose und W. Eggers[41]) überein. In diesen Arbeiten wurde bereits festgelegt, bei welchem Vanadingehalt in Stählen mit bestimmtem Kohlenstoffgehalt keine vollständige a/γ-Umwandlung mehr stattfindet. In Bild 26 wurde die von H. Hougardy[26]) ermittelte „Grenzlinie", die die perlitisch martensitischen und halbferritischen und ferritischen Stähle voneinander trennt, eingezeichnet, da die Angaben von H. Hougardy[26]) am ausführlichsten sind. Nach F. Wever, A. Rose und W. Eggers[41]) müßte die Grenzlinie etwas weiter links bei niedrigeren Legierungsgehalten liegen. Der Legierungsbereich der aus dem γ-Gebiet

abgeschreckten Stähle mit rein martensitischem Gefüge wurde durch eine Schraffur besonders gekennzeichnet.

In Bild 26 wurde auch die „Scheitellinie" für die Dauerstandfestigkeit, die später im Zusammenhang mit dem Gefügeaufbau nochmals besprochen werden soll, mit eingezeichnet.

Das ternäre System Eisen-Kohlenstoff-Molybdän wurde noch nicht so weitgehend untersucht wie das System Eisen-Kohlenstoff-Vanadin. Molybdän gehört ebenfalls zu den Elementen, die das γ-Gebiet abschnüren, und Kohlenstoff erweitert das durch Molybdän abgeschnürte γ-Gebiet in ähnlicher Weise wie im System Eisen-Kohlenstoff-Vanadin[25]). Daher entsprach das Ergebnis der Gefügeuntersuchung für die Molybdänstähle (Bild 27) grundsätzlich

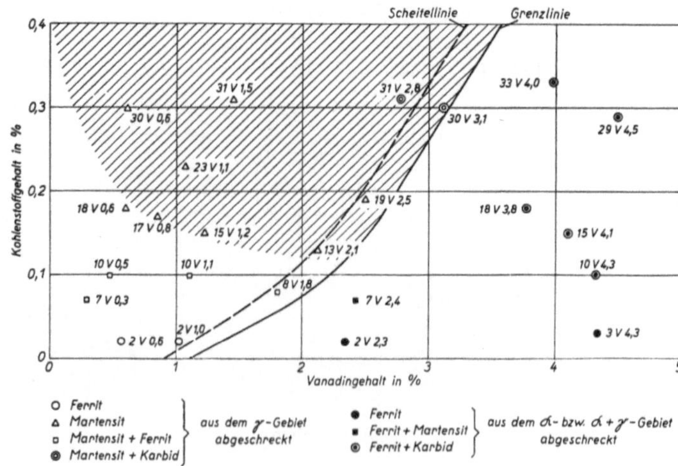

Bild 26. Gefügeausbildung, Scheitellinie und Grenzlinie im ternären System Eisen-Vanadin-Kohlenstoff.

Additional information of this book

(Der Einfluß von Vanadin, Molybdän, Silizium und Kohlenstoff auf die

Festigkeitseigenschaften, insbesondere die Dauerstandfestigkeit vergüteter Stähle;

978-3-662-27682-2) is provided:

http://Extras.Springer.com

dem der Vanadinstähle. Bei 0,03% C und niedrigem Molybdängehalt bestand das Gefüge aus reinem Ferrit. Bei Erhöhung des Molybdängehalts auf rund 1,5% waren im Gefüge einzelne Martensitinseln zu erkennen. Demnach scheint Molybdän die vorkritische Abkühlungsgeschwindigkeit stärker zu vermindern als Vanadin.

Der Stahl 2 Mo 2,6 war bereits, wie aus dem heterogenen Gefügeaufbau des Ferrits zu erkennen ist, aus dem α- und γ-Gebiet abgeschreckt. Ein ähnliches Gefüge wurde von R. Vogel[42]) an einer Eisenphosphorlegierung mit 0,3% P beobachtet. Das Zustandekommen des Gefüges des Stahles 2 Mo 2,6, dessen heterogene α-Kristalle im abgeschreckten Zustand (Bild 28a) noch klarer waren, wäre in Anlehnung an R. Vogel[42]) folgendermaßen zu erklären: Bei der Abschreckungstemperatur befand sich der Stahl im α- und γ-Gebiet. Daher stand ein α-Mischkristall mit höherem Molybdängehalt mit einem molybdänärmeren γ-Mischkristall im Gleichgewicht. Beim Abschrecken schied sich aus dem α-Mischkristall vorwiegend in unmittelbarer Nachbarschaft der vorhandenen α-Kristalle Ferrit ab. Der Rest der γ-Kristalle machte keine γ/α-Umwandlung mehr durch und bildete bei entsprechend tieferen Temperaturen Martensit.

Nach zweistündigem Anlassen bei 650⁰ schied sich aus dem bereits bei der Abschrecktemperatur vorhandenen molybdänreichen α-Kristall ein feiner Bestandteil aus, der von E. Houdremont und H. Schrader[25]) bei etwas höherem Gesamtmolybdängehalt des Stahles nachgewiesen wurde und als Eisen-Molybdän-Verbindung Fe_3Mo_2 zu deuten ist.

Bei längerer Anlaßdauer ballte sich dieser Gefügebestandteil weiter zusammen und wurde dadurch deutlicher erkennbar (Bild 28b).

Bei höherem Molybdängehalt mußte natürlich die Menge der Fe_3Mo_2-Verbindung größer werden. Nachgewiesen wurde dies für den Stahl 10 Mo 5,0. Die Ferritmischkristalle dieses Stahles waren im Abschreckzustand (Bild 29a) ausscheidungsfrei. Nach dem Anlassen von 500 Stunden bei 650⁰ (Bild 29b) hatte sich innerhalb des Gefüges und vor allem auch im Innern der Ferritmischkristalle, die an einem helleren Saum an den Korngrenzen kenntlich waren, der Fe_3Mo_2-Bestandteil ausgeschieden. Da das Gefügebild aus der entkohlten Randzone der Probe stammt, läßt es keine Rückschlüsse auf die Karbidzusammenballung zu.

Die Stähle 10 Mo 0,3 und 9 Mo 1,1 bestanden aus einem Gemisch von Ferrit und zerfallenem Martensit. Bei weiterer Erhöhung des Molybdängehalts wurde die Ferritmenge ebenso wie bei den Vanadinstählen zugunsten des Martensits stark vermindert, sodaß das Gefüge des Stahles 6 Mo 1,9 aus reinem zerfallenem Martensit bestand. Zur Abschnürung des γ-Gebiets dürften bei 0,06% C etwa 3% Mo erforderlich sein, also eine erheblich größere Menge als Vanadin bei gleichem Kohlenstoffgehalt. Demgemäß bestand der Stahl 10 Mo 5,0 aus Martensit neben erheblichen Mengen an nicht umgewandeltem Ferrit.

Durch weitere Erhöhung des Kohlenstoffgehalts wurde auch bei den unteren Molybdängehalten die im Gefüge vorhandene Martensitmenge immer größer, bis schließlich im Gefüge kein Ferrit mehr zu erkennen war. Für rund 0,32% Mo traf dieses bei den zur Untersuchung

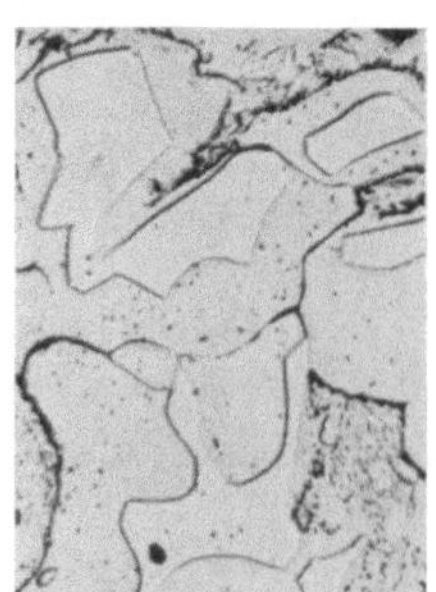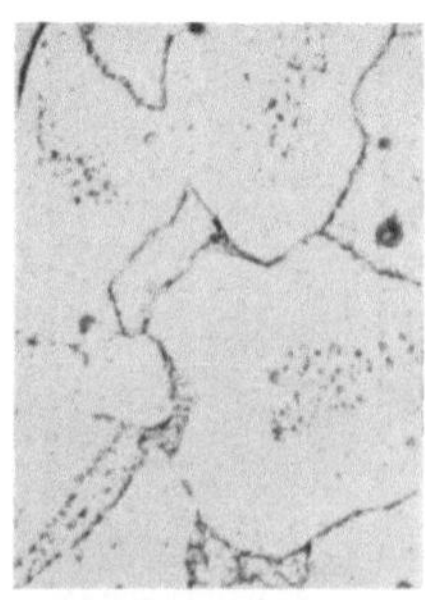

Ätzung: alkohol. Salpetersäure   500 ×

Bild 28a.	Bild 28b.	Bild 29a.	Bild 29b.
Stahl 2 Mo 2,6		Stahl 10 Mo 5,0	
im Abschreckzustand	abgeschreckt und 500 h bei 650⁰ angel.	im Abschreckzustand	abgeschreckt und 500 h bei 650⁰ angel.

Bild 28a — 29b. Das Auftreten der Fe_3Mo_2-Verbindung bei langzeitig angelassenen Stählen mit 2,6 und 5,0% Mo.

benutzten Vergütungsquerschnitten etwa bei dem Stahl 36 Mo 0,3 zu und für rund 1,0% Mo für den Stahl 26 Mo 1,0. Zur Abschnürung des γ-Gebiets waren bei 0,2% C etwa 4,7% Mo erforderlich. Der Stahl 20 Mo 5,3 zeigte bereits einen erheblichen Ferritanteil. Bei der Reihe mit dem nächst höheren Kohlenstoffgehalt von 0,27% reichte der höchste untersuchte Molybdängehalt zur Abschnürung des γ-Gebiets nicht mehr aus. Das gleiche traf auch bei der Reihe mit 0,43% C zu. An dem Stahl 50 Mo 4,8 waren beim Erhitzen noch nicht in Lösung gegangene Karbidteilchen im Gefüge deutlich zu erkennen. Der Einfluß des Kohlenstoffs auf die Abschnürung des γ-Gebiets ist bei den Molybdänstählen am besten aus der letzten senkrechten Stahlreihe mit dem höchsten Molybdängehalt zu ersehen.

Für die Gefüge der einzelnen Stähle wurden die entsprechenden Bezeichnungen eingeführt, wie für die Vanadinstähle und in Bild 30 eingetragen. Das Martensitgebiet wurde wiederum durch Schraffur angedeutet. Die Grenzlinie zwischen ferritischen bzw. halbferritischen und perlitischen Stählen liegt bisher noch nicht eindeutig fest. Nach den Gefügeuntersuchungen dieser Arbeit dürfte sie etwa den in Bild 30 eingezeichneten Verlauf haben. Sie schneidet die Abszisse bei etwa 2,0% Mo. Nach F. Wever und A. Heinzel[43]) soll die Grenze des γ-Gebiets beim binären System Eisen-Molybdän bei 2,37% Mo, also bei etwas höheren Molybdängehalten liegen. Von E. Houdremont und H. Schrader[25]) wird die Grenze des γ-Gebiets in einer nach Abschluß der vorliegenden Untersuchung erschienenen Arbeit für 0,15% C mit 2,8% Mo angegeben. Hiernach müßte also die Grenzlinie bei den unteren Kohlenstoffgehalten bei etwas niedrigeren Molybdängehalten liegen, als in Bild 30 angegeben. Für 0,35% C fanden E. Houdremont und H. Schrader[25]) in Übereinstimmung mit den vorliegenden Ergebnissen die Grenze des γ-Gebiets bei etwa 7,2% Mo.

In den mehrfach legierten Stählen (Bild 31) schienen sich Vanadin, Molybdän und auch Silizium bezüglich der Abschnürung des γ-Gebiets additiv zu verhalten, wie dieses auch von F. Wever und A. Heinzel[43]) für andere Elemente mit abgeschnürtem γ-Gebiet, z. B. für Aluminium und Silizium, gefunden wurde, denn die Molybdän-Vanadin- und Molybdän-Vanadin-Silizium-Stähle mit 0,02% C waren, wie dieses durch eine ausgeprägte Ferrithofbildung kenntlich gemacht wurde, aus dem α- und γ-Gebiet abgeschreckt. Bei 0,10% C war der nicht umgewandelte Ferrit vollständig verschwunden, so daß diese Stähle aus dem reinen γ-Gebiet abgeschreckt sein müssen. Allerdings war der Martensit dieser Stähle infolge des niedrigen Kohlenstoffgehalts noch stark mit Ferrit durchsetzt. Sämtliche übrigen mehrfach legierten Stähle wiesen rein martensitisches Gefüge auf. Die Karbide waren auch

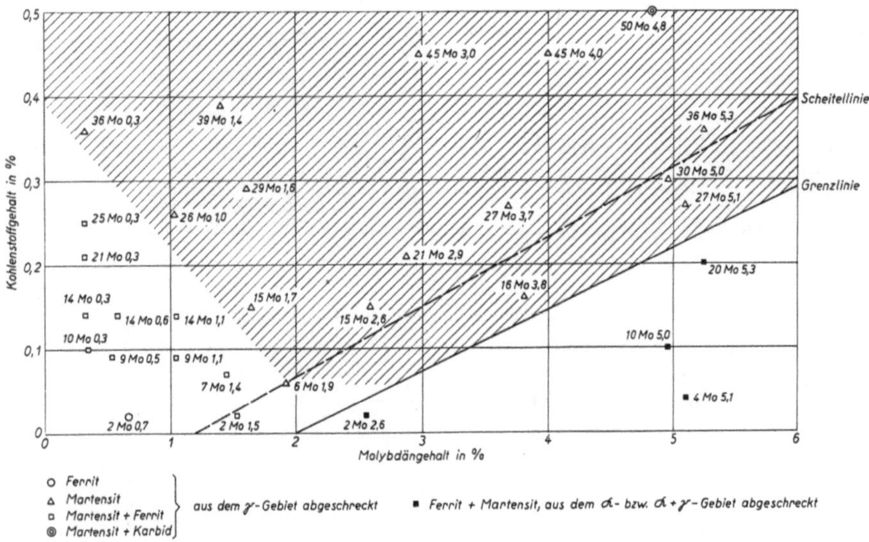

Bild 30. Gefügeausbildung, Scheitellinie und Grenzlinie im ternären System.

Mo-V-Stähle

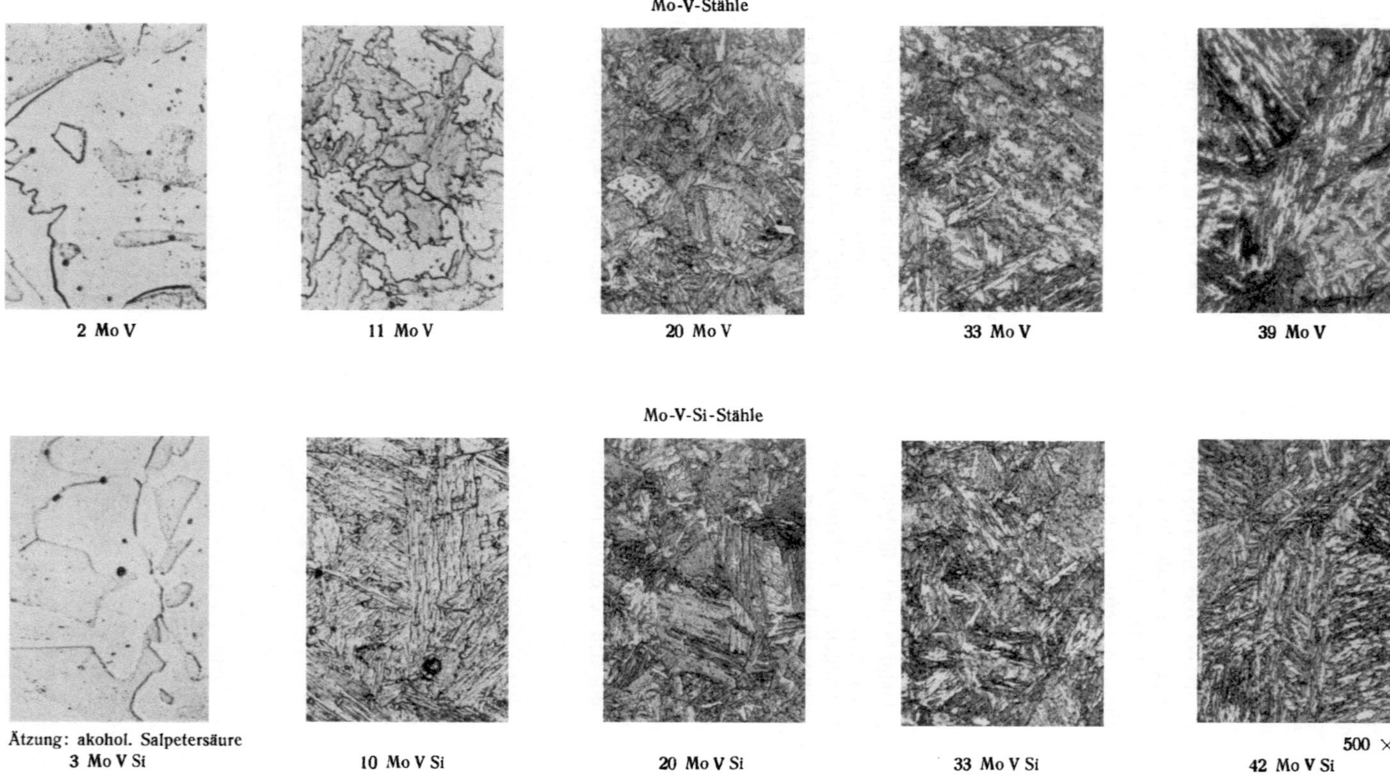

Bild 31. Das Gefüge der Molybdän-Vanadin- und Molybdän-Vanadin-Silizium-Stähle im vergüteten Zustand.

bei den höchsten Kohlenstoffgehalten vollständig in Lösung gegangen. Die Feinausscheidungen innerhalb der Ferritkristalle der Stähle 2 Mo V und 3 Mo V Si legen die Vermutung nahe, daß infolge des Vanadin- und Siliziumgehalts dieser Stähle auch schon bei den vorhandenen niedrigen Molybdängehalten die Verbindung Fe_3Mo_2 auftritt.

Der Zusammenhang zwischen der Dauerstandfestigkeit, der Zugfestigkeit bei Raumtemperatur und dem Gefügeaufbau.

Der Zusammenhang zwischen der Dauerstandfestigkeit, der Zugfestigkeit bei Raumtemperatur und dem Gefügeaufbau soll an Hand der Bilder 26 und 30 klargestellt werden. Zu diesem Zweck wurde in diese Bilder die Scheitellinie, die sich bei der Schichtliniendarstellung für die Dauerstandwerte ergeben hatte, mit eingezeichnet. Hierbei ergab sich, daß die Scheitellinie und die Grenzlinie, die die Stähle mit vollständiger und unvollständiger oder fehlender α/γ-Umwandlung voneinander trennt, den gleichen Verlauf nahmen und in geringem Abstand nebeneinander lagen. Der Einfachheit halber sei zunächst angenommen, daß die Scheitellinie und die Grenzlinie zusammenfallen. Durch die Linien wurden dann die Systeme Eisen-Kohlenstoff-Vanadin und Eisen-Kohlenstoff-Molybdän in zwei Felder eingeteilt. Das linke Feld umfaßt die Stähle mit vollständiger α/γ-Umwandlung. Bei den niedrigeren Kohlenstoff- und Legierungsgehalten bestand das Gefüge der Stähle dieses Feldes aus einem Gemisch von Martensit und Ferrit, und zwar war der Ferritanteil in der unteren linken Ecke vorherrschend. Mit der Erhöhung des Kohlenstoff- und Legierunggehalts nahm die Ferritmenge zugunsten des Martensit bis zum vollständigen Verschwinden des Ferrits schnell ab. Dies äußerte sich in einem starken Anstieg der Zugfestigkeit und der Dauerstandfestigkeit. Sobald das Gebiet der rein martensitischen Stähle erreicht wurde, das in der Abbildung durch eine Schraffur besonders gekennzeichnet wurde, stieg die Zugfestigkeit mit dem Legierungs- und Kohlenstoffgehalt nur noch langsam weiter an. Dies kam auch durch den Knick im Kurvenverlauf in Bild 4, 6 und 7 zum Ausdruck. Bei den Vanadinstählen war in der Nähe der Grenzlinie sogar eine Abnahme der Zugfestigkeit mit steigendem Vanadingehalt zu erkennen, die sich an Hand der Gefügebilder

durch das Vorhandensein von ungelösten Vanadinkarbiden erklärte, die nach E. Houdremont, H. Bennek und H. Schrader[34] eine Verarmung der Grundmasse an Vanadin verursachen und beim Abschrecken durch Keimwirkung die kritische Abkühlungsgeschwindigkeit erhöhen. Die Dauerstandfestigkeit nahm dagegen innerhalb des Martensitgebiets in gleicher Weise wie im übrigen Teil des linken Feldes mit steigendem Vanadin- oder Molybdängehalt zu, bis die Scheitellinie erreicht wurde. Durch eine Vergrößerung des Kohlenstoffgehalts innerhalb des Martensitgebiets entfernte sich die Stahlzusammensetzung immer mehr von der Scheitellinie, dies war gleichbedeutend mit einer Verringerung der Dauerstandfestigkeit.

Rechts von der Scheitellinie und Grenzlinie liegt das Feld der halbferritischen und ferritischen Stähle. Wurde mit steigendem Legierungsgehalt die Grenzlinie überschritten, so trat infolge der Abschnürung des γ-Gebiets im Gefüge nicht umgewandelter Ferrit auf, der eine starke Herabsetzung der Dauerstandfestigkeit und Zugfestigkeit verursachte. Wurde der Legierungsgehalt weiter erhöht, so wurden die Ferritmenge noch größer und die Dauerstandfestigkeit und die Zugfestigkeit entsprechend geringer. Die Dauerstandfestigkeit erreichte schließlich einen Tiefstwert, nach dessen Überschreiten wieder der direkte Einfluß der Legierungselemente überwog, und die Dauerstandfestigkeit mit steigendem Legierungsgehalt bei den Vanadinstählen sehr langsam, bei den Molybdänstählen in starkem Maße weiter zunahm. Innerhalb des untersuchten Legierungsbereichs wurden aber die hohen Dauerstandwerte der Scheitellinie auch bei den Molybdänstählen bei weitem nicht mehr erreicht. Die Zugfestigkeit nahm von der Scheitellinie aus stetig weiter ab.

Eine Vergrößerung des Kohlenstoffgehalts innerhalb des rechten Feldes hatte bei dem höchsten untersuchten Vanadingehalt fast keinen Einfluß. Bei den Molybdänstählen war in diesem Bereich anfänglich eine Verminderung der Dauerstandfestigkeit mit zunehmendem Kohlenstoffgehalt zu beobachten. Bei weiterer Vergrößerung des Kohlenstoffgehalts trat dann wieder die Erweiterung des γ-Gebiets durch eine Verminderung der Ferritmenge und im Zusammenhang damit durch eine Erhöhung der Dauerstandfestigkeit in Erscheinung. Die Zugfestigkeit wurde bei beiden Stahlsorten im rechten Feld durch Kohlenstoff durchgehend erhöht.

Bei den Molybdän-Vanadin- und Molybdän-Vanadin-Siliziumstählen nahm die Dauerstandfestigkeit ebenfalls mit Steigerung des Kohlenstoffgehalts bis zum Verschwinden des nicht umgewandelten Ferrits sehr schnell zu. Dieser Punkt wurde bei etwa 0,1% C erreicht. Wie bei den reinen Vanadin- und Molybdänstählen stieg aber die Dauerstandfestigkeit mit weiterer Erhöhung des Kohlenstoffgehalts auch noch nach Überschreitung der Grenze des γ-Gebiets langsam weiter an bis zu dem der Scheitellinie bei den einfach legierten Stählen entsprechenden Punkt, der zwischen 0,10 und 0,20% C lag. Durch weitere Steigerung des Kohlenstoffgehalts wurde die Dauerstandfestigkeit verringert. Für das Ansteigen der Dauerstandfestigkeit über die Grenze des γ-Gebiets hinaus dürfte im vorliegenden Fall auch noch das Auftreten von Ferrit bei 0,10% C infolge Unterschreitung der kritischen Abkühlunggeschwindigkeit von Bedeutung gewesen sein, der bei 0,20% C vollkommen verschwunden war.

Bei der Einwirkung von Vanadin, Molybdän, Silizium und Kohlenstoff auf die Dauerstandfestigkeit kommt also den Gefügeänderungen durch diese Elemente eine grundsätzliche Bedeutung zu. Ein Stahl mit Vergütungsgefüge hat innerhalb des untersuchten Temperaturbereichs eine sehr hohe Dauerstandfestigkeit, wenn seine Zusammensetzung an der Grenze des γ-Gebiets liegt. Die Dauerstandfestigkeit des Ferrits ist selbst bei hohen Gehalten an Vanadin oder Molybdän nur etwa halb so hoch wie die des Vergütungsgefüges in der Nähe der Scheitellinie, bei niedrigeren Gehalten entsprechend geringer. Sobald deshalb im Vergütungsgefüge Ferrit auftritt, wird die Dauerstandfestigkeit erheblich herabgesetzt, gleichgültig, ob der Ferrit beim Abschrecken aus dem γ-Gebiet infolge zu hoher kritischer Abkühlungsgeschwindigkeit des Stahles entstanden ist, oder ob er wegen der Abschnürung des γ-Gebiets keine α/γ-Umwandlung mehr durchgemacht hat. Hierbei scheint der Einfluß des umwandlungsfreien Ferrits besonders wirksam zu sein. Als Ursache hierfür könnte man die glatte Ausbildung seiner Korngrenzen im Gegensatz zu den gezackten Korngrenzen des umgewandelten Ferrits, wie aus den Gefügebildern ersichtlich ist, anführen. Ferner besteht die Möglichkeit, daß der umgewandelte Ferrit vor der Umwandlung Bestandteile gelöst hat, die sich beim Abschrecken und Anlassen noch nicht oder nur unvollständig ausgeschieden haben und die Dauerstandfestigkeit günstig beeinflussen. Die zweite Annahme wird durch die Untersuchungen von F. W e v e r und

A. R o s e [44]) erhärtet, die an Vanadinstählen nachwiesen, daß der in der Perlitstufe gebildete Ferrit bei genügend großer Abkühlungsgeschwindigkeit eine Ausscheidungshärtung durch Karbidausscheidung erfahren kann.

Bei der Besprechung des Zusammenhangs zwischen der Dauerstandfestigkeit, der Zugfestigkeit und dem Gefügeaufbau wurde angenommen, daß die Scheitellinie und die Grenzlinie zusammenfallen. Nach den Ergebnissen der vorliegenden Arbeit, die allerdings noch der Nachprüfung durch weitere Untersuchungen der Systeme Eisen-Kohlenstoff-Vanadin und Eisen-Kohlenstoff-Molybdän bedürfen, liegt aber die Scheitellinie etwas links von der Grenzlinie, also nicht an der Grenze des γ-Gebiets, sondern bei niedrigeren Legierungsgehalten. Hierfür können zwei Ursachen in Frage kommen. Erstens ist es möglich, daß das Gefüge sich auch schon vor dem Auftreten von nicht umgewandeltem Ferrit in einem instabilen Zwischenzustand befindet und hierdurch die niedrigere Dauerstandfestigkeit der eigentlichen Grenzstähle zu erklären ist. Zur Stützung dieser Ansicht sei eine Arbeit von A. H e i n z e l [45]) angeführt, wonach sich bei allen Eisenlegierungen mit Elementen, die ein geschlossenes γ-Feld bilden, bei einer Konzentration, die $^4/_5$ der Sättigungsgrenze des γ - Mischkristalls entspricht, die bei A_4 gebildeten Kristallite immer mehr gleiche kristallographische Richtung annehmen, bis schließlich alle gleichgeordnet sind und sich der α-Kristallit in völlig gleichgerichtete γ- bzw. weiter in α-Kristallite umwandelt. Die zweite Erklärung würde die Ursache für das schlechte Verhalten der Grenzstähle darin sehen, daß für die Abschrecktemperatur eine obere Grenze von 1100° festgesetzt wurde, während die Umwandlungstemperatur der Stähle, die genau an der Grenze des γ-Gebiets liegen, wie z. B. auch bei den von H. H o u g a r d y [26]) untersuchten Vanadinstählen und den von F. W e v e r und A. H e i n z e l [43]) und E. H o u d r e m o n t und H. S c h r a d e r [25]) untersuchten Molybdänstählen ebenfalls bei 1100° liegt. Es ist sehr wahrscheinlich, daß zur Erzielung einer guten Dauerstandfestigkeit die Abschrecktemperatur etwas oberhalb der Umwandlungstemperatur liegen muß. Es wäre z. B. denkbar, daß sonst keine vollständige Gefügegleichmäßigkeit erzielt wird oder daß Ferritkeime im Gefüge sich ungünstig auswirken. Eine Erhöhung der Abschrecktemperatur eines solchen Grenzstahles kann auch keine Verbesserung bringen, da sonst das γ-Gebiet nach oben überschritten und wieder das α- bzw. Ferritgebiet erreicht wird. Dies hat wiederum das Auftreten von Ferrit im Gefüge zur Folge, wie von E. H o u d r e m o n t und H. S c h r a d e r [25]) durch Versuche nachgewiesen wurde.

Für die technische Verwendung derartiger Stähle ist dieser Umstand als günstig zu bezeichnen, da es praktisch nicht immer möglich sein dürfte, die genaue Grenzzusammensetzung und die genaue Abschrecktemperatur zu treffen.

Die Wechselwirkung zwischen dem Kohlenstoff und den das γ-Gebiet einschnürenden Elementen in ihrem Einfluß auf die Dauerstandfestigkeit.

Die Wechselwirkung zwischen Kohlenstoff und den das γ-Gebiet abschnürenden Legierungselementen Vanadin, Molybdän und, allerdings nur mit Einschränkung, Silizium, wie sie sich aus dieser Arbeit ergibt, ist schematisch in Bild 32 dargestellt. Im oberen Teil der

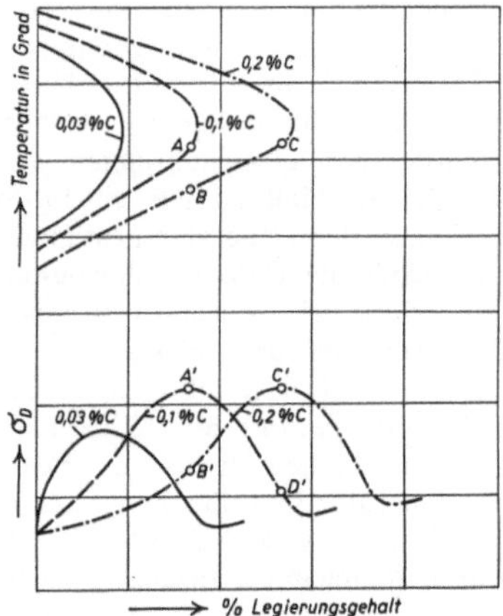

Bild 32. Der Einfluß der das γ-Gebiet abschnürenden Elemente auf die Dauerstandfestigkeit von Stählen mit verschiedenen Kohlenstoffgehalten in schematischer Darstellung.

Abbildung wird gezeigt, wie das durch ein Legierungselement abgeschnürte γ-Gebiet durch Erhöhung des Kohlenstoffgehalts wieder erweitert wird. Im unteren Teil der Abbildung ist der Verlauf der Dauerstandfestigkeit mit zunehmender Menge des betreffenden Legierungselementes bei den oben eingetragenen verschiedenen Kohlenstoffgehalten aufgezeichnet.

Zunächst nimmt bei jedem Kohlenstoffgehalt die Dauerstandfestigkeit mit steigendem Legierungszusatz zu, bis bei bestimmten, für jeden Kohlenstoffgehalt festliegenden Legierungsgehalten kurz vor der Grenze des γ-Gebiets Höchstwerte erreicht werden. Dann erfolgt — in erster Linie durch das Auftreten von nicht umgewandeltem Ferrit verursacht — ein steiler Abfall der Dauerstandfestigkeit. Erst bei sehr hohen Legierungsgehalten nimmt die Dauerstandfestigkeit langsam wieder zu.

Entsprechend der Erweiterung des γ-Gebiets verschiebt sich also auch der Höchstwert der Dauerstandfestigkeit mit höheren Kohlenstoffgehalten zu höheren Legierungsgehalten. Ferner ist aus der Abbildung zu ersehen, daß die Höchstwerte bis zu einem bestimmten Kohlenstoffgehalt, der im Idealfall (siehe Molybdän) durch den Beginn der vollständigen Martensithärtung gegeben ist, ansteigen.

Der Einfluß des Kohlenstoffs sei noch einmal an Hand von Beispielen erläutert. Ein Stahl mit 0,10% C, dessen Umwandlungspunkt durch den Punkt A in Bild 32 wiedergegeben ist, hat gerade den Legierungsgehalt, der zur Erzielung des Höchstwertes A' der Dauerstandfestigkeit erforderlich ist. Wird nun unter Beibehaltung des Legierungsgehaltes der Kohlenstoffgehalt auf 0,20% erhöht, so sinkt der Umwandlungspunkt auf B und die Dauerstandfestigkeit wird von A' auf B' erniedrigt. Um bei 0,20% Kohlenstoff wieder den Höchstwert C' zu erreichen, muß der Legierungsgehalt entsprechend heraufgesetzt werden. Die Umwandlungstemperatur steigt hierdurch von B auf C.

Umgekehrt kann auch die Dauerstandfestigkeit D' eines Stahles mit 0,10% C, der infolge zu hohen Legierungsgehaltes nicht umgewandelten Ferrit enthält, durch Erhöhung des Kohlenstoffgehaltes auf 0,20% bis zu einem Höchstwert C' verbessert werden.

Unter der Voraussetzung, daß der Einfluß der das γ-Gebiet einschnürenden Elemente Vanadin, Molybdän und Silizium auch erhalten bleibt, wenn mehrere solcher Elemente im Stahl vorhanden sind, was nach den vorliegenden Versuchen zumindest als sehr wahrscheinlich anzusprechen ist, müssen auch in den mehrfach legierten Stählen die gleichen Wechselwirkungen zwischen dem Kohlenstoff einerseits und den Legierungselementen andererseits eintreten. Unter der gleichen Voraussetzung können sich die genannten Elemente bei der Abschnürung des γ-Gebiets gegenseitig ersetzen.

Der Einfluß der Vergütung auf die Dauerstandfestigkeit.

Um den Einfluß der Vergütung näher zu klären, wurden die Dauerstandwerte, die P. G r ü n [6]) an Molybdänstählen nach Luftabkühlung fand, zu einem Vergleich mit den hier gefundenen Ergebnissen herangezogen. Dabei ist zwar zu berücksichtigen, daß den Werten von P. G r ü n [6]) eine Dehngeschwindigkeit von $5 \cdot 10^{-4}\%$ je Stunde zwischen der 25. und 35. Versuchsstunde zugrunde gelegt wurde, im Gegensatz zu einer Dehngeschwindigkeit von $10 \cdot 10^{-4}\%$ je Stunde nach dem DVM-Prüfverfahren A 117, dessen Vorschriften bei den eigenen Versuchen eingehalten wurden. Dafür war aber die Vorlast bei den Versuchen von P. G r ü n [6]) 18 bis 20 Stunden lang wirksam, gegenüber einer Vorlastzeit von 15 Minuten nach den DVM-Vorschriften. Da eine längere und höhere Vorbelastung zu einer Verringerung der Dehngeschwindigkeit führt, kommen aber beide Prüfverfahren, wie von H. S c h m i t z [46]) ausgeführt wurde, praktisch zu denselben Dauerstandwerten. Die Versuchsergebnisse von P. G r ü n [6]) wurden wieder zu einem Schichtlinienbild (Bild 33) zusammen-

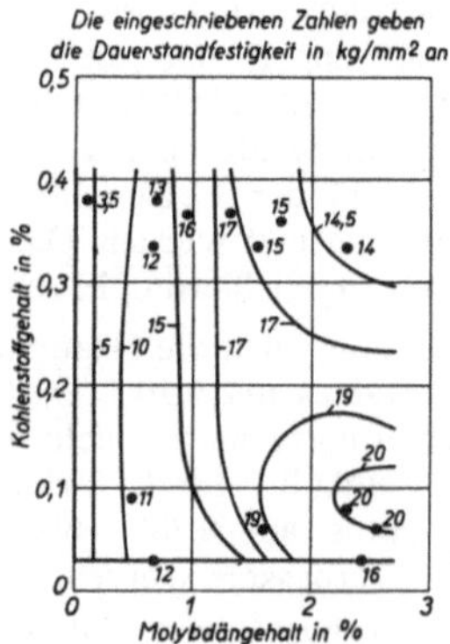

Bild 33. Dauerstandfestigkeit normalgeglühter Stähle innerhalb des Systems Fe-C-Mo bei 500⁰ in Schichtliniendarstellung (nach Werten von P. Grün).

gefaßt. Aus einem Vergleich dieser Darstellung mit dem Schichtlinienbild für die eigenen Versuche (Bild 19) geht eindeutig hervor, daß die Dauerstandfestigkeit in der Nähe der Scheitellinie durch die Vergütung um 50 bis 100% erhöht wird. Dagegen ist der Einfluß der Vergütung in einiger Entfernung von der Scheitellinie nur gering, die Dauerstandwerte in dem Bereich

von etwa 0,5 bis 2,5% Mo und 0,3 bis 0,4% C liegen für beide Behandlungszustände praktisch auf gleicher Höhe. Auch bei rund 0,03% C und 2,5% Mo, also im ferritischen bzw. halbferritischen Gebiet auf der rechten Seite der Scheitellinie, wurden ungefähr die gleichen Werte für die vergüteten und normalgeglühten Stähle gefunden.

Über Vanadinstähle liegen im Schrifttum keine ausreichenden Versuche vor, die zu einer Untersuchung des Einflusses der Vergütung herangezogen werden können. Bei dem gleichartigen Verhalten der Vanadin- und Molybdänstähle, insbesondere aus der gleichen Auswirkung von Gefügeänderungen auf die Dauerstandfestigkeit ist aber anzunehmen, daß eine Vergütung auf die Dauerstandfestigkeit der Vanadinstähle den gleichen Einfluß ausübt wie auf die Molybdänstähle.

Der Einfluß der Anlaßzeit und der Anlaßbeständigkeit auf die Dauerstandfestigkeit.

Zu untersuchen wäre noch, ob durch Vergütung erzielte hohe Dauerstandfestigkeit der Stähle an der Scheitellinie bei längerer Einwirkung der angewendeten Prüftemperaturen dauernd zurückgeht. Über den Festigkeitsabfall vergüteter Stähle durch längere Anlaßzeiten bei 650⁰ wurden bereits Ausführungen gemacht. Dieser Festigkeitsabfall ist mit einem erheblichen Rückgang der Dauerstandfestigkeit verbunden. So sank die Dauerstandfestigkeit des Stahles 20 MoVSi bei 550⁰, die nach zweistündigem Anlassen bei 650⁰ 32 kg/mm² betrug, nach einer Anlaßzeit von 150 Stunden bei der gleichen Anlaßtemperatur auf 18 kg/mm², wie aus Bild 34 zu ersehen ist, das die Festigkeit bei Raumtemperatur und die Dauerstandfestigkeit bei 550⁰ in Abhängigkeit von der Anlaßtemperatur in halblogarithmischer Darstellung zeigt. Für diesen Stahl nahmen Dauerstandfestigkeit und Zugfestigkeit in ungefähr gleichem Maße ab.

Danach muß bei einer Arbeitstemperatur von 650⁰ für derartige vergütete Stähle mit der Zeit mit einer erheblichen fortschreitenden Anlaßwirkung gerechnet werden. Für eine Arbeitstemperatur von 550⁰ und erst recht von 500⁰ liegen die Verhältnisse aber wesentlich günstiger. Die nachträglichen Zerreißversuche an den bei 550⁰ geprüften Dauerstandproben, deren Ergebnisse in den Zahlentafeln 5 bis 8 mit angeführt wurden, lassen keine Veränderungen der Festigkeit durch den 50stündigen

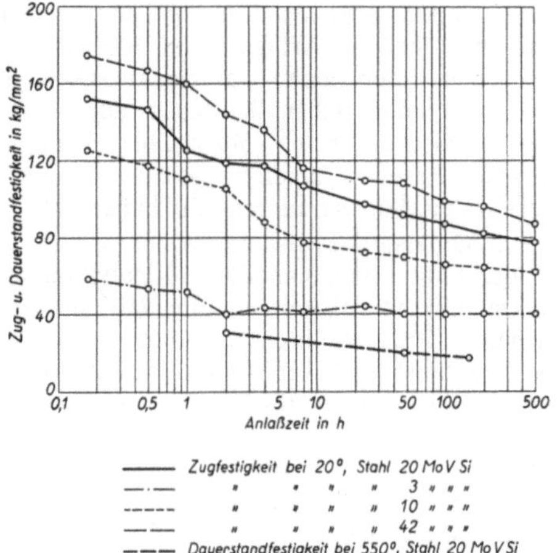

Bild 34. Der Einfluß der Anlaßzeit bei 650° auf die Zug- und Dauerstandfestigkeit einiger Molybdän-Vanadin-Silizium-Stähle.

Dauerstandversuch erkennen. Für eine einwandfreie Beweisführung sind allerdings Langzeitversuche erforderlich, da durchaus die Möglichkeit besteht, daß bei einer Versuchsdauer von mehreren 1000 Stunden die Festigkeit und die Dauerstandfestigkeit doch noch abnehmen. Hierauf wäre dann bei der Festsetzung der Belastung für den praktischen Betrieb Rücksicht zu nehmen.

Die Festigkeitsänderungen bei Dauerstandversuchen von langer Zeitdauer waren auch der Gegenstand von Untersuchungen von C. L. C l a r k und A. E. W h i t e [9]); sie vermuteten, daß es für Betriebstemperaturen von 540° und darüber ein wirklich beständiges Gefüge nicht gibt. Da aber die Gefügeänderungen bei den genannten Temperaturen verhältnismäßig langsam vor sich gehen, hielten sie ein Vergütungsgefüge für praktisch genügend beständig, wenn die Anlaßtemperatur 95° über der höchsten Betriebstemperatur lag. Diese Abhängigkeit der Beständigkeit nur von der Anlaßtemperatur bedarf wegen des unvermeidlichen Festigkeitsabfalls bei 650° dahingehend eine Eingrenzung, daß die Steigerung der Dauerstandfestigkeit durch Vergütung nur bis zu einer gewissen oberen Grenztemperatur auszunutzen ist, die wohl kaum oberhalb 600° liegen wird.

In gleicher Weise, wie eine Verlängerung der Anlaßzeit muß auch eine Erhöhung der Anlaßtemperatur die Dauerstandfestigkeit erniedrigen. Weiter unten wird noch näher erörtert werden, wie sich eine Vergrößerung der

Anlaßzeit bzw. eine Erhöhung der Anlaßtemperatur voraussichtlich auf die Wechselwirkung zwischen dem Kohlenstoff und den das γ-Gebiet einschnürenden Elementen auswirken wird.

Wenn auch ein dauerstandfester Stahl eine hohe Anlaßbeständigkeit aufweisen muß und die Elemente, die die Anlaßbeständigkeit erhöhen, zugleich auch die Dauerstandfestigkeit heraufsetzen, so besteht doch kein unmittelbarer Zusammenhang zwischen diesen Eigenschaften. Am deutlichsten geht dies aus einer Betrachtung des Einflusses der Legierungselemente einschl. des Kohlenstoffs hervor. Der Härteabfall durch Anlassen wird, wie durch die bereits besprochenen Anlaßversuche (Bild 14 bis 16) nachgewiesen wurde, durch Vanadin und Molybdän vermindert und durch Kohlenstoff vergrößert. Die Dauerstandfestigkeit wird dagegen durch die genannten Elemente bald erhöht und bald vermindert, je nach dem Mengenverhältnis der Elemente zueinander. Die Dauerstandfestigkeit und die Anlaßbeständigkeit unterliegen also verschiedenartigen Gesetzmäßigkeiten.

Dagegen scheint ein engerer Zusammenhang zwischen der Ausscheidungshärtung und der Dauerstandfestigkeit zu bestehen, denn die Anlaßkurven der Stähle mit Dauerstandbestwerten, die in Bild 10 bis 13 besonders hervorgehoben wurden, zeigten den am deutlichsten ausgeprägten Härteanstieg im Gebiet der Ausscheidungshärtung. Ein genauer Nachweis hierfür war aber nicht möglich, da im Ausscheidungsgebiet die Martensithärte noch nicht voll verschwunden ist und sich beide Härtungsarten, wie E. H o u d r e m o n t, H. B e n n e k und H. S c h r a d e r [34]) zeigten, überlagern.

Die Ursachen des Einflusses von Molybdän, Vanadin und Silizium auf die Dauerstandfestigkeit.

Über die Ursachen des Einflusses von Molybdän und Vanadin auf die Dauerstandfestigkeit gibt es eine Reihe von verschiedenen Anschauungen. A. E. W h i t e, C. L. C l a r k und R. L. W i l s o n [47]) vertreten die Ansicht, daß diese Elemente unterhalb und oberhalb der Äquikohäsivtemperatur — ein Begriff der von Z. J e f f r i e s [48]) eingeführt worden ist und nach amerikanischer Ansicht mit der niedrigsten Rekristallisationstemperatur gleichzusetzen ist — vor allem in Form von Karbiden wirksam sind. Die Karbide dieser Elemente liegen innerhalb der Kristalle und auf den Korngrenzen und setzen die Neigung zum Fließen herab. Dieser Ansicht schließen sich auch H. Stäger und H. Zschokke[14]) und R. Rapatz[49]) weitgehend an und ergänzen sie noch dahingehend, daß der Einfluß von Vanadin und Molybdän auf die Dauerstandfestigkeit des Ferrits gering sein soll. Im Gegensatz hierzu glauben E. Houdremont und Ehmke[50]), daß der Grund für die Erhöhung der Dauerstandfestigkeit durch Molybdän in einer Verschiebung des Rekristallisationsvermögens in Eisen-Molybdänlegierungen zu höheren Temperaturen zu suchen ist. Diese Meinung wird gestützt durch eine Arbeit von G. Tammann und V. Cagliotti[51]), wonach Molybdän und auch Vanadin die Rekristallisationstemperatur bedeutend erhöhen. W. Tofaute und W. Ruttmann[39]) übertragen diese Ansicht auch auf das Element Vanadin. Sie weisen allerdings darauf hin, daß Vanadin als starker Karbidbildner in Gegenwart von Kohlenstoff nur bedingt auf die Rekristallisationstemperatur einwirken kann, und zwar dann, wenn es im Überschuß vorhanden ist, während für Molybdän diese Einschränkung nicht gilt. E. Houdremont, H. Bennek und H. Schrader[34]) führen die Erhöhung der Warmfestigkeit durch Vanadin wiederum auf die Wirkung von Karbiden zurück und weisen dies an einem Stahl mit 0,04% C und 0,43% V nach. Dieser Stahl hatte im nur gehärteten und im auf 600° angelassenen Zustand bei einem 20 Minuten dauernden Zerreißversuch eine gegenüber einem vanadinfreien Stahl mit gleichem Kohlenstoffgehalt beträchtlich erhöhte Warmfestigkeit, die sich durch die Ausscheidung von Vanadinsonderkarbiden erklärte. Nach dem Anlassen auf 700° fiel die Warmfestigkeit dieses Stahles aber infolge der Zusammenballung der Vanadinkarbide praktisch mit der des Kohlenstoffstahles zusammen. H. Hougardy[26]) schließt sich dieser Meinung an, entwickelt aber weiter folgende Anschauung: Vanadin bildet als starkes Desoxydationsmittel in der Stahlschmelze Vanadinoxyd, das sich beim Erstarren des Stahles auf den Korngrenzen sammelt. Beim Erwärmen geht dieses Vanadinoxyd sehr schwer in Lösung, erhöht dadurch scheinbar die Rekristallisationstemperatur des Stahles und trägt ferner dazu bei, die Festigkeit der Korngrenzensubstanz auch bei höheren Temperaturen aufrecht zu erhalten. R. F. Miller, R. F. Campbell, R. H. Aborn, E. C. Wright[21]) bringen die hohe Dauerstandfestigkeit eines Stahles mit 0,11% C und

0,54% Mo nach Normalglühung und anschließendem fünfstündigem Anlassen auf 700° in Verbindung mit der hochdispersen Ausscheidung eines molybdänreichen Karbides oder einer intermetallischen Eisen-Molybdänverbindung, die nach dieser Behandlung gerade einen kritischen Verteilungsgrad erreicht haben soll.

Am häufigsten ist also die Ansicht vertreten, daß der Einfluß von Vanadin und Molybdän auf die Dauerstandfestigkeit auf die Wirkung von Karbiden zurückzuführen ist. Auch eine Reihe von Ergebnissen dieser Arbeit spricht für die Karbidtheorie, als erstes der vermutliche Zusammenhang zwischen der Dauerstandfestigkeit und der Ausscheidungshärtung. Ferner ist zu ihrer Stützung der gesamte Einfluß der Vergütung auf die Dauerstandfestigkeit anzuführen. Durch das der Vergütung vorhergehende Abschrecken wird das bei langsamer Abkühlung entstehende Gemisch von Ferrit und Perlit oder das bei einer Glühung unterhalb Ac_1 entstehende Gemisch von Ferrit und groben Karbiden in eine homogene Form, den Martensit, übergeführt. Zwar zerfällt auch der Martensit beim Anlassen wieder in Ferrit und Karbid, jedoch haben die Karbide nach entsprechenden Anlaßzeiten gerade die von der Karbidtheorie verlangte feindisperse Verteilung, um den Gleitwiderstand auf den Korngrenzen und den Gleitlinien zu erhöhen.

Die Festigkeitssteigerung durch die Martensitbildung beim Abschrecken, die auch beim Anlassen noch teilweise erhalten bleibt, ist wahrscheinlich ohne Einfluß auf die Dauerstandfestigkeit bei den untersuchten Temperaturen. Dies ist durch drei Tatsachen zu begründen. Erstens hat der Martensit schon bei 450° Anlaßtemperatur einen großen Teil seiner Festigkeit eingebüßt. Zweitens läuft die Festigkeitssteigerung beim Überschreiten des Kohlenstoffgehalts der Scheitellinie, die ebenfalls auf Martensithärtung zurückzuführen ist, mit einer Verringerung der Dauerstandfestigkeit parallel. Die dritte Begründung ergibt sich aus einem Vergleich der Stähle 31 V 1,5 und 31 V 2,8. Der Stahl 31 V 2,8 hatte bei gleichem Kohlenstoff- aber höherem Vanadingehalt eine annähernd doppelt so hohe Dauerstandfestigkeit, während seine Zugfestigkeit bei 20° um 25 kg/mm² niedriger lag. Die Erniedrigung der Zugfestigkeit bei 20° wurde auf das Vorhandensein ungelöster Karbide im Augenblick l des Abschreckens zurückgeführt, da diese die kritische Abkühlungsgeschwindigkeit heraufsetzten und dadurch die Martensitbildung teilweise unterdrückten. Es liegt nun die Annahme nahe, daß

die Erhöhung der kritischen Abkühlungsgeschwindigkeit wohl die Martensitbildung im
Gefüge des Stahles erschwert, was durch eine
Erniedrigung der Festigkeit auch noch im angelassenen Zustand zum Ausdruck kam, daß
aber die Karbidausscheidung durch die ungelösten Karbide nicht beeinflußt wurde und
infolgedessen die Dauerstandfestigkeit nicht nur
nicht erniedrigt wurde, sondern sogar noch
weiter anstieg. Die gleiche Feststellung ist auch
bei einem Vergleich der Stähle 15 V 1,2 und
19 V 2,5 zu machen.

Die Abnahme der Dauerstandfestigkeit
durch Steigerung des Kohlenstoffgehalts über
dem günstigsten Gehalt an der Scheitellinie
läßt sich mit der Karbidtheorie ohne weiteres
in Einklang bringen. Infolge des hohen Ausscheidungsbestrebens der höher karbidhaltigen
Stähle, das durch Anlaßversuche nachgewiesen
wurde, wird die kritische, für eine Erhöhung
der Dauerstandfestigkeit wirksamste Teilchengröße schon beim Anlassen überschritten. Zwar
hat eine Erhöhung des Kohlenstoffgehalts im
halbferritischen Gebiet in der Nähe der
Scheitellinie eine Erhöhung der Dauerstandfestigkeit zur Folge. Doch ist dies leicht damit
zu begründen, daß der ungünstige Einfluß des
Kohlenstoffs durch die infolge der Erweiterung
des γ-Gebiets erreichte gleichmäßigere und
feinere Verteilung der Karbide wieder aus-
geglichen wird.

Da also ein übermäßig hoher Kohlenstoffgehalt die Dauerstandfestigkeit verringert,
müßte bei jedem Legierungsgehalt der Stahl,
der den niedrigsten zur Erzielung einer
gleichmäßigen Karbidverteilung erforderlichen
Kohlenstoffgehalt aufweist, also der Stahl an
der Scheitellinie, die höchste Dauerstandfestigkeit haben, wie dies auch tatsächlich zutrifft.

Auch die Herabsetzung der Dauerstandfestigkeit durch das Auftreten von freiem Ferrit
innerhalb des Vergütungsgefüges paßt in die
Karbidtheorie, denn dieser Ferrit enthält keine
oder doch nur geringe Mengen an feinen Karbiden.

Ferner spricht der Unterschied in der
Dauerstandfestigkeit von umgewandeltem und
nicht umgewandeltem Ferrit dafür, da der umgewandelte Ferrit, wie bereits erwähnt, wahrscheinlich geringe Mengen von feinen Karbiden
enthält und dadurch eine höhere Dauerstandfestigkeit aufweist.

Grobe Karbide sind fast ohne jeden Einfluß
auf die Dauerstandfestigkeit. Daher unterscheiden sich die Dauerstandfestigkeiten der

ferritischen Vanadinstähle 3 V 4,3 bis 29 V 4,5,
die erhebliche Unterschiede im Vanadinkarbid-
gehalt aufweisen (Bild 24), wegen der Grobkörnigkeit dieser Karbide kaum voneinander.

Die geringe Wirkung grober Karbide wird
auch bewiesen durch die Verminderung der
Dauerstandfestigkeit durch lange Anlaßzeiten
bei 650°, da diese Anlaßbehandlung ein Zusammenballen der Karbide zur Folge hat.

Außer der Erhöhung der Dauerstandfestigkeit durch die Bildung von fein verteilten Karbiden muß aber noch ein anders gearteter Einfluß der Legierungselemente auf die Dauerstandfestigkeit vorliegen. Denn erstens wird
die Dauerstandfestigkeit auch bei Stählen mit
sehr niedrigem Kohlenstoffgehalt durch Zugabe
von Molybdän und Vanadin verbessert und
zweitens haben auch diejenigen Stähle, in denen
die Karbide in einer groben Form vorliegen,
die auf die Dauerstandfestigkeit ohne Einfluß
ist, noch Dauerstandwerte, die die der legie-
rungsfreien Stähle um ein Vielfaches über-
treffen.

Wahrscheinlich ist dieser Einfluß der
Legierungselemente in ihrer unmittelbaren
Wirkung im Mischkristall zu suchen. Eine
ausreichende Erklärung hierfür wurde in den
oben erwähnten Arbeiten [39, 50, 51]) mit der Erhöhung der Rekristallisationstemperatur und
der Temperatur der Kristallerholung gegeben.
Ob hierbei auch eine Veränderung des Korn-
grenzenbestandteils [26]) eine Rolle spielt, ist
auf Grund der vorliegenden Ergebnisse nicht
zu entscheiden. Unter der Voraussetzung
einer unmittelbaren Wirkung der Legierungselemente im Mischkristall ergibt sich eine
zweite Erklärung für die Verringerung der
Dauerstandfestigkeit durch Erhöhung des
Kohlenstoffgehalts bei den Stählen links von
der Scheitellinie außer dem bereits beschriebenen Einfluß durch Vergrößerung des Aus-
scheidungs- und Zusammenballungsbestrebens
der Karbide. Durch Erhöhung des Kohlenstoffgehalts wird ein Teil des Legierungsgehalts zu
Karbiden abgebunden, damit dem Mischkristall
entzogen und sein Einfluß im Mischkristall auf
die Dauerstandfestigkeit unmöglich gemacht.
Es ist anzunehmen, daß beide Einflüsse des
Kohlenstoffs nebeneinander wirksam sind. Bei
gewissen Gehalten scheint eine Grenze für
den Einfluß der Legierungselemente im Mischkristall zu bestehen, so daß bei einer Erhöhung des Legierungsgehalts über diese
Grenze hinaus die Dauerstandfestigkeit nicht
mehr weiter steigt. So wird bei den ferritischen

Vanadinstählen die Dauerstandfestigkeit durch die Erhöhung des Kohlenstoffgehalts von 0,02 auf 0,3% kaum verändert, obwohl bei dem hohen Kohlenstoffgehalt eine erhebliche Vanadinmenge dem Mischkristall entzogen und zu groben Karbiden abgebunden wird, die auf die Dauerstandfestigkeit ohne Einfluß sind. Dies würde also bedeuten, daß die bei 0,3% C an Kohlenstoff gebundene Vanadinmenge auch bei 0,02% C ohne zusätzliche Wirkung war. Auch die geringe Änderung der Dauerstandfestigkeit der Vanadinstähle mit 0,02% C nach Erreichung des Tiefstwertes bei etwa 2,5% V durch Hinzulegieren von weiteren Vanadinmengen spricht dafür, daß Vanadingehalte über einen gewissen Betrag hinaus in der Grundmasse nicht mehr wirksam sind.

Bei den Molybdänstählen liegen die Verhältnisse wesentlich anders, denn einmal nimmt die Dauerstandfestigkeit nach Überschreitung des Tiefstwertes bei etwa 2,5% Mo und 0,02% C mit weiterer Erhöhung des Molybdängehalts beträchtlich zu und zum andern wird die Dauerstandfestigkeit im ferritischen bzw. halbferritischen Gebiet, abgesehen von dem Gebietsstreifen unmittelbar neben der Scheitellinie, durch Karbidabbindung vermindert, wie aus einem Vergleich der Stähle 4 Mo 5,1 bis 20 Mo 5,3 zu ersehen ist, obwohl die Zunahme der Martensitmenge infolge der Erweiterung des γ-Gebiets dieser Verminderung entgegenwirkte. Dieses Verhalten der Stähle mit hohem Molybdängehalt dürfte auf die Wirkung der Verbindung Fe$_3$ Mo$_2$ zurückzuführen sein, die wahrscheinlich von einem Molybdängehalt an auftritt, bei dem die obere Grenze für die direkte Wirkung des Molybdäns im Mischkristall liegen dürfte. Diese Annahme liegt um so näher, als bereits durch K. S. S e l j e s a t e r und B. S. R o g e r s [52]) nachgewiesen wurde, daß die Verbindung Fe$_3$ Mo$_2$ zur Ausscheidungshärtung befähigt ist und infolgedessen ebenso in eine feindisperse, zur Erhöhung des Gleitwiderstandes geeignete Form gebracht werden kann, wie die Molybdän- und Vanadinkarbide.

Eine Eisen-Vanadinverbindung wurde bisher innerhalb des in dieser Arbeit untersuchten Bereichs nicht nachgewiesen.

Bei der Betrachtung der Ursachen für die Wirkung der Legierungselemente Molybdän und Vanadin auf die Dauerstandfestigkeit darf auch der Einfluß dieser Elemente auf die Umwandlungstemperatur nicht außer Acht gelassen werden. Ein Stahl von der Grenzkonzentration des γ-Gebiets, der also einen

Dauerstandhöchstwert aufweist, hat den höchsten Ac$_3$-Umwandlungspunkt, der mit dem verwendeten Legierungsgehalt überhaupt zu erzielen ist. Da mit der Entfernung der Stahlzusammensetzung von dieser Grenzkonzentration zu höheren Kohlenstoffgehalten oder niedrigeren Legierungsgehalten die Umwandlungstemperatur und die Dauerstandfestigkeit gleichzeitig abnehmen, ist die Annahme eines gewissen Einflusses der Umwandlungstemperatur auf die Dauerstandfestigkeit, z. B. durch eine Erhöhung der Rekristallisationstemperatur oder durch eine Verminderung des Ausscheidungsbestrebens der Karbide naheliegend. Zur Stützung dieser Ansicht sei angeführt, daß sich ein gelöster Bestandteil aus einer übersättigten Grundmasse bekanntlich bei um so höherer Temperatur ausscheidet, je höher seine Lösungstemperatur gewesen ist. Auf alle Fälle ist eine hohe Umwandlungstemperatur das einfachste Kennzeichen dafür, daß ein Stahl, der vorwiegend solche Elemente enthält, die das γ-Gebiet im binären System mit Eisen abschnüren, in seiner Zusammensetzung der Grenzkonzentration des γ-Gebiets nahekommt.

Die Gesamtwirkung der Elemente Molybdän und Vanadin auf die Dauerstandfestigkeit bis zu den untersuchten Temperaturen wurde in Bild 35 schematisch dargestellt. Es zeigt, wie

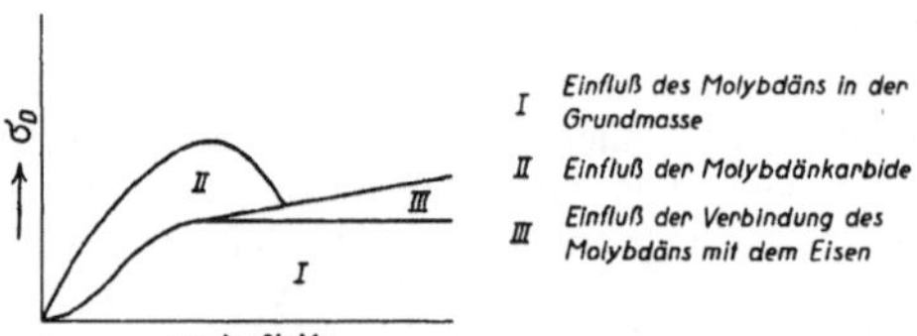

Bild 35. Der Einfluß von Molybdän auf die Dauerstandfestigkeit vergüteter Stähle in schematischer Darstellung.

in einem vergüteten Stahl der Einfluß des Molybdäns in der Grundmasse, der Einfluß der Karbide, der wahrscheinlich auch noch den Einfluß der Umwandlungstemperatur in sich schließt, und der Einfluß der Verbindung des Molybdäns mit dem Eisen einander überlagern. Bei den Vanadinstählen (Bild 36) beginnt die Wirkung der Verbindung wahrscheinlich erst bei Vanadingehalten, bei denen der die Dauerstandfestigkeit erhöhende Einfluß der Karbide wegen des Verschwindens der α/γ-Umwandlung nicht mehr vorhanden ist.

Die Auswirkung der verschiedenen Einflüsse im einzelnen auf die Dauerstandfestigkeit hängt bei den üblichen Anlaßzeiten von

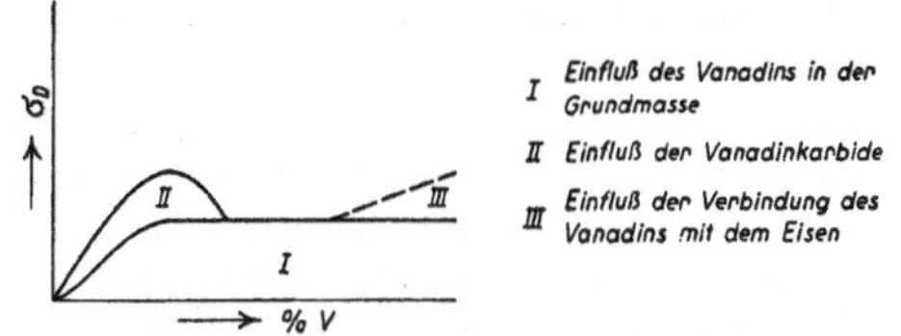

Bild 36. Der Einfluß von Vanadin auf die Dauerstandfestigkeit vergüteter Stähle in schematischer Darstellung.

dem Verhältnis des Kohlenstoffgehalts zum Legierungsgehalt ab und davon, wie sich das Legierungselement auf seine Verbindung mit dem Eisen auf die Karbide und auf die Grundmasse verteilt. An Hand der oben entwickelten Anschauung über den Einfluß der Legierungselemente auf die Dauerstandfestigkeit ist es möglich, über den voraussichtlichen Einfluß einer Vergrößerung der Anlaßdauer und Erhöhung der Anlaßtemperatur über die für die vorliegenden Versuche gewählte Anlaßbehandlung hinaus einige grundsätzliche Aussagen zu machen. Bei hohen Anlaßtemperaturen, deren obere Grenze gegebenenfalls durch die Umwandlungstemperatur festgelegt ist, und bei langen Anlaßzeiten werden sich die Karbide und auch die bei höheren Legierungsgehalten dem Gefüge eingelagerten Teilchen der Verbindung des Legierungselements mit dem Eisen immer mehr zusammenballen und damit unwirksam werden. Zum Schluß bleibt nur noch der unmittelbare Einfluß des nicht abgebundenen Restes des Legierungselements entsprechend dem Feld I der schematischen Darstellung (Bild 35 und 36) übrig. Wenn der Kohlenstoffgehalt so groß ist, daß kein Überschuß des Legierungselements mehr über die zur Abbindung des Kohlenstoffs verbrauchte Menge mehr verbleibt, muß der Einfluß des Legierungselements auf die Dauerstandfestigkeit bei hohen Anlaßtemperaturen und langen Anlaßzeiten ganz verschwinden.

Schwierig ist die Begründung der hohen Dauerstandfestigkeit des Stahles 6 Mo 1,9, der mit den benachbarten Stählen die Kegelspitze im Schichtlinienbild der Molybdänstähle bildet, zumal bei den Vanadinstählen ein derartiges, ausgezeichnetes Gebiet nicht vorkommt. Die einfachste Erklärung wäre durch das Auftreten eines Sonderkarbides gegeben. Doch wurde bisher ein Sonderkarbid, das nur innerhalb dieser engen Analysengrenzen auftritt, nicht nachgewiesen. Eine weitere Erklärung ergibt sich aus der Gefügeuntersuchung (Bild 30). Der Stahl 6 Mo 1,9 hat den niedrigsten Kohlen-stoffgehalt, der zur Ausbildung eines einheitlichen Martensitgefüges überhaupt möglich ist. Da eine Übersättigung des Stahles mit Kohlenstoff die Dauerstandfestigkeit, wie nachgewiesen wurde, verringert, ist die hohe Dauerstandfestigkeit dieses Stahles, der von den Stählen mit Martensitgefüge den geringsten Kohlenstoffgehalt aufweist, erklärlich.

Bei den Vanadinstählen ist der zur Ausbildung eines gleichmäßigen Martensitgefüges erforderliche niedrigste Kohlenstoffgehalt etwa doppelt so groß, wie bei den Molybdänstählen, da Vanadin die kritische Abkühlungsgeschwindigkeit weniger vermindert als Molybdän. Daß dieser Kohlenstoffgehalt schon zur Erzielung der günstigsten Dauerstandfestigkeit zu groß ist, ist zumindest als wahrscheinlich anzusehen.

Die Untersuchung des Elementes Silizium war in dieser Arbeit nicht eingehend genug, um seinen günstigen Einfluß auf die Dauerstandfestigkeit näher begründen zu können. Von den Ursachen, die infrage kommen können, seien drei angeführt, nämlich die Erhöhung der Rekristallisationstemperatur, die Erhöhung der Umwandlungstemperatur und die Verschiebung der Grenze des Auftretens der Fe_3Mo_2-Verbindung zu niedrigeren Molybdängehalten durch die Lösung von Silizium im Mischkristall.

Schlußfolgerungen für die Weiterentwicklung perlitischer warmfester Stähle.

Da wahrscheinlich die grundsätzlichen Ergebnisse dieser Arbeit über die Wechselwirkung zwischen dem Kohlenstoff und den das γ-Gebiet einschnürenden Elementen in ihrem Einfluß auf die Dauerstandfestigkeit auf alle Legierungselemente aus dieser Gruppe übertragbar sind, erscheinen sie für die Weiterentwicklung warmfester niedrig legierter Stähle von besonderer Bedeutung, denn die Untersuchung kann sich neben einigen Stichproben aus den übrigen Bereichen auf die Stähle an der Grenze des γ-Gebiets beschränken. Hierdurch wird die Zahl der zu untersuchenden Proben auf einen Bruchteil derjenigen beschränkt, die ohne diese Erkenntnis erforderlich wären.

Zugleich wird aber auch gezeigt, daß der Erhöhung der Dauerstandfestigkeit vergüteter Stähle durch Zugabe von Elementen aus dieser Legierungsgruppe eine natürliche Grenze durch das Auftreten von freiem Ferrit gesetzt ist. Zwar findet auch im ferritischen Gebiet noch eine Steigerung der Dauerstandfestigkeit infolge des Auftretens von intermetallischen Verbindungen statt. Um aber die Höchstwerte der Dauerstandfestigkeit des martensitischen Gebietes zu erreichen, sind Legierungsgehalte notwendig, bei denen der Stahl wahrscheinlich vollständig versprödet.

Der Temperaturbereich, innerhalb dessen durch Vergütung eine Verbesserung der Dauerstandfestigkeit zu erzielen ist, dürfte bei 600° seine obere Grenze erreicht haben. Bei höheren Temperaturen wird voraussichtlich eine Verringerung der Dehngeschwindigkeit durch Vergütung nur zu Anfang des Dauerstandversuchs bzw. der Betriebsbeanspruchung möglich sein, da die kritische Teilchengröße der Karbide durch Anlaßwirkung während der Beanspruchung bald überschritten wird.

Die Grenztemperatur für die Ausnutzung der Vergütung ist also durch das Zusammenballungsbestreben der Karbide gegeben. Eine Erhöhung dieser Grenztemperatur könnte erreicht werden, wenn Verbindungen gefunden würden, die bei höheren Temperaturen zur Ausscheidungshärtung führen als die Sonderkarbide, ohne den Stahl durch Versprödung für eine praktische Verwendung unbrauchbar zu machen. In erster Linie bleiben aber die hohen Temperaturen den austenitischen Legierungen vorbehalten, insbesondere, da auch die Ausscheidungsvorgänge im Austenit bei bedeutend höheren Temperaturen stattfinden als im Ferrit.

Zusammenfassung.

Die Änderung der Dauerstandfestigkeit vergüteter Stähle der Systeme Eisen-Vanadin-Kohlenstoff und Eisen-Molybdän-Kohlenstoff innerhalb der Grenzen 0,02 bis 0,50% C und 0,20 bis 5,5% V oder Mo wurde planmäßig untersucht. Außerdem wurde der Einfluß des Kohlenstoffs auf die Dauerstandfestigkeit von Stählen, die Vanadin und Molybdän gemeinsam und auch daneben noch Silizium enthielten, geprüft.

Bei gleichbleibendem Kohlenstoffgehalt nahm die Dauerstandfestigkeit mit der Erhöhung des Gehaltes an den das γ-Gebiet einschnürenden Elementen Vanadin und Molybdän bis kurz vor der Erreichung der Grenze des γ-Gebiets zu. Bei dieser Zusammensetzung hatte die Dauerstandfestigkeit einen Höchstwert. Durch Erhöhung des Legierungsgehalts über die Grenze des γ-Gebiets hinaus trat nichtumgewandelter Ferrit im Gefüge auf und die Dauerstandfestigkeit sank erheblich. Da Kohlenstoff das γ-Gebiet erweitert, war um so mehr Vanadin und Molybdän zur Erreichung des Höchstwertes erforderlich, je höher der Kohlenstoffgehalt war. Der Kohlenstoff und die das γ-Gebiet abschnürenden Elemente Molybdän und Vanadin standen also in einer bestimmten Wechselbeziehung zueinander, die auch dadurch zum Ausdruck kam, daß die Höchstwerte für die Dauerstandfestigkeit innerhalb der beiden Systeme sich zu einer „Scheitellinie" aneinanderreihten.

Ebenso wie der nichtumgewandelte Ferrit hatte auch der infolge zu großer kritischer Abkühlungsgeschwindigkeit des Stahles beim Abschrecken entstandene Ferrit eine niedrige Dauerstandfestigkeit. Dagegen war die Dauerstandfestigkeit des rein martensitischen Gefüges eines Stahles an der Scheitellinie sehr hoch. Somit kann Kohlenstoff die Dauerstandfestigkeit einmal dadurch verbessern, daß er die kritische Abkühlungsgeschwindigkeit herabsetzt und damit die Ferritbildung unterdrückt und zweitens dadurch, daß er durch die Erweiterung des γ-Gebiets die Menge des umwandlungsfreien Ferrits vermindert. Durch eine Steigerung des Kohlenstoffgehalts über den Bestwert der Scheitellinie wird aber auch die Dauerstandfestigkeit des Martensits verringert, da das Ausscheidungs- und Zusammenballungsbestreben der Karbide durch die Übersättigung der Grundmasse erhöht oder weil ein Teil des Legierungsgehalts zu Karbiden abgebunden wird.

Die Zugfestigkeit und die Dehngrenzen bei den verschiedenen Prüftemperaturen wurden durch das Auftreten von umwandlungsfreiem oder bei der Abkühlung entstandenem Ferrit in ähnlicher Weise herabgesetzt, wie die Dauerstandfestigkeit. Eine Erhöhung des Kohlenstoffgehalts über den Grenzwert der Scheitellinie hatte dagegen im Gegensatz zur Dauerstandfestigkeit eine weitere Steigerung der Zugfestigkeit vor allem bei Raumtemperatur zur Folge. Das Verhältnis der Dauerstandfestigkeit zur Zugfestigkeit nahm mit steigendem Kohlenstoffgehalt ab, so daß die günstigste Dauerstandfestigkeit bei möglichst geringer Festigkeit durch niedrigen Kohlenstoffgehalt erzielt wird.

In den Vanadin-Molybdänstählen wirkten Vanadin, Molybdän und Kohlenstoff in grundsätzlich der gleichen Weise auf das Gefüge und damit auf die Dauerstandfestigkeit und die übrigen Festigkeitseigenschaften ein wie in den einfach legierten Stählen. Allerdings lag die Dauerstandfestigkeit der mehrfach legierten Stähle wesentlich höher. Silizium konnte das Molybdän in den Vanadin-Molybdänstählen teilweise ersetzen.

Durch Vergüten wurde die Dauerstandfestigkeit der untersuchten Stähle in einem weiten Bereich an der Grenze des γ-Gebiets erhöht. Auf die übrigen Stähle war eine Vergütung ohne wesentlichen Einfluß. Eine Festigkeitsverminderung der vergüteten Stähle durch Anlaßwirkung während eines Dauerstandversuchs von 45 Stunden Dauer bei 550° konnte nicht festgestellt werden. Wohl aber nahmen Festigkeit und Dauerstandfestigkeit bei längerem Anlassen bei 650° fortlaufend ab. Ein unmittelbarer Zusammenhang zwischen der An-

laßbeständigkeit und der Dauerstandfestigkeit war nicht nachzuweisen.

Die Wirkung des Molybdäns auf die Dauerstandfestigkeit von Stahl setzt sich wahrscheinlich aus folgenden drei Teilwirkungen zusammen:

1. aus der Wirkung des Molybdäns in der Grundmasse durch Erhöhung der Rekristallisationstemperatur und der Temperatur der Kristallerholung,

2. aus der Erhöhung des Gleitwiderstandes durch Molybdän-Karbide auf den Gleitflächen und den Korngrenzen,

3. aus der Erhöhung des Gleitwiderstandes durch eine Eisen-Molybdänverbindung auf den Gleitflächen und den Korngrenzen.

Für Vanadin waren nur die beiden ersten Wirkungen zu erkennen. Eine Eisen-Vanadinverbindung wurde im untersuchten Bereich noch nicht nachgewiesen.

Es ist mir eine angenehme Pflicht, auch an dieser Stelle Herrn Prof. Dr.-Ing. E. H. S c h u l z für die Genehmigung zur Durchführung der vorliegenden Arbeit und für zahlreiche Anregungen und wertvolle Unterstützung zu danken.

Schrifttum.

1) P. P r ö m p e r und E. P o h l : „Kessel- und Behälterbaustoffe mit gesteigerter Widerstandsfähigkeit bei hohen Betriebstemperaturen". Arch. Eisenhüttenwes. 1 (1927/28) S. 785/93.

2) M. U l r i c h : „Die Werkstoffe von Höchstdruckkesseln". Techn. Mitt. Organ des Hauses der Technik, Essen 30 (1937) S. 329/54.

3) H. J. T a p s e l l : „Creep of Metals". Humphrey Milford, London 1931.

4) F. H. N o r t o n : „The Creep of Steel at High Temperatures". Mc Graw Hill Publ. Co. London u. New York 1929, S. 88.

5) H. J u r e t z e k und F. S a u e r w a l d : „Dauerstandfestigkeit von Baustahl und ein vereinfachtes Prüfverfahren". Wärme 57 (1934) S. 267/73.

6) P. G r ü n : „Über die im abgekürzten Verfahren ermittelte Dauerstandfestigkeit von Stählen in Abhängigkeit von verschiedenen Legierungszusätzen und von der Wärmebehandlung, sowie ein Beitrag zur Frage des Dehnverhaltens niedrig legierter Stähle". Mitt. Forsch.-Inst. Ver. Stahlwerke, Dortmund, 4 (1934) S. 113/60. Arch. Eisenhüttenwes. 8 (1934/35) S. 205/11.

7) A. P o m p und W. E n d e r s : „Zur Bestimmung der Dauerstandfestigkeit im Abkürzungsverfahren". Mitt. Kais.-Wilh.-Inst. Eisenforschg., Düsseld., 12 (1930) S. 127/47.

8) G. R a n q u e und P. H e n r y : „La méthode d'autostabilisation thermique et son utilisation à l'étude de quelques aciers résistant". Rev. Metallurg., Mém. 31 (1934) S. 248/65.

9) C. L. C l a r k und A. E. W h i t e : „Dauerstandfestigkeitseigenschaften von Metallen". Trans. Amer. Soc. f. Metals 24 (1936) S. 831/69.

10) M. F l e i s h m a n n : „Selection of Steels for High-Temperatures". Steel 17 (1938) S. 34/39.

11) R. W. B a i l e y : „Stähle und ihre Verwendung für hohe Temperaturen und Dampfdrücke". Metallurgia 17 (1938) S. 237/38.

12) C. L. C l a r k und R. S. B r o w n : „Ein neuer niedrig legierter Stahl für Verwendung bei hohen Temperaturen". Combustion 9 (1937) S. 33/34.

13) R. W. B a i l e y , J. H. S. D i c k e n s o n , N. P. I n g l i s und J. L. P e a r s o n : „The Trend of Progress in Great Britain on the Engineering Use of Metals at Elevated Temperatures". Symposium on Effect of Temperature on the Properties of Metals. Philadelphia und New York (Versammlung der Amer. Soc. Mech. Engr. u. Amer. Soc. Test. Mat., Chicago) 23. 6. 1931 S. 218/44.

14) H. S t ä g e r und H. Z s c h o k k e : „Das Verhalten von Metallen bei höheren Temperaturen". Schweiz. Techn. Zeitsch. 7 (1932) S. 333/54.

15) C. H. M. Jenkins, H. J. Tapsell, G. A. Mellor und A. P. E. Johnson: „Chemical Engineering Congress of the World Power Conference, London 1936, Vergl. St. u. E. 57 (1937) S. 517/18.

16) W. Kahlbaum und L. Jordan: „Dauerbelastungsversuche an zwei Wolfram-Chrom-Vanadin- und einem Molybdän-Chrom-Vanadin-Stahl". Bur. Stand. J. Res. (U.S.A.) 9 (1932) S. 327. Auszug in St. u. E. 53 (1933) S. 1240.

17) H. C. Cross und E. R. Johnson: „Creep Properties of 5 percent Chromium, 0,50 percent Molybdenum Steel Still Tubes". Proc. Amer. Soc. Test. Mat. 34 (1934) II S. 80/104.

18) E. Houdremont: „Einführung in die Sonder-Stahlkunde". Julius Springer, Berlin 1935 S. 418.

19) A. Thum und H. Holdt: „Das Kriechen des Stahles bei erhöhten Temperaturen". Der Maschinenschaden 8 (1931) S. 17/26.

20) J. J. Kanter und L. W. Spring: „Some Long-Time Tension Tests of Steels at Elevated Temperatures". Proc. Amer. Soc. Test. Mat. 30 (1930) I S. 110.

21) R. F. Miller, R. F. Campbell, R. H. Aborn und E. C. Wright: „Influence of Heat Treatment on Creep of Carbon-Molybdenum and Chromium-Molybdenum-Silicon Steel". Trans. Amer. Soc. f. Metals, 26 (1938) I S. 81/101.

22) R. Scherer: „Neuere Entwicklung des Dampfkesselbaues". St. u. E. 53 (1933) S. 1359.

23) A. Pomp und W. Höger: „Dauerstandfestigkeitsuntersuchungen an Kohlenstoff- und niedrig legierten Stählen nach dem Abkürzungsverfahren". Mitt. Kais.-Wilh.-Inst. Eisenforschg. Düsseld. 14 (1932) S. 37/57.

24) P. Oberhoffer: „Das technische Eisen". Berlin, Julius Springer 1936 S. 171.

25) E. Houdremont und H. Schrader: „Die Wirkung von Molybdän im Kohlenstoffstahl im Vergleich zu anderen karbidbildenden Elementen". Tech. Mitt. Krupp 2 (1939) S. 23/46.

26) H. Hougardy: „Die Vanadinstähle". Berlin, P. u. G. Gärtner 1934.

27) W. Rohn: „Die Kriechfestigkeit metallischer Werkstoffe bei erhöhten Temperaturen". Zeitschr. f. Metallkunde 24 (1932) S. 127/31.

28) E. Houdremont und H. Schrader: „Zur Frage der Korngröße des Stahles". St. u. E. 56 (1936) S. 1412/22.

29) H. Buchholz: „Desoxydation und Festigkeitseigenschaften von Stahl". St. u. E. 59 (1939) S. 331/38.

30) H. Scholz: „Die Bestimmung kleinster Längenänderungen beim Zugversuch, insbesondere beim Dauerstandversuch". Mitt. Kohle- und Eisenforsch. 1 (1937) S. 171/80.

31) W. Schneider und K. Linden: „Einfluß der Salzschmelze beim Dauerstandversuch". Arch. Eisenhüttenwes. 10 (1936/37) S. 353/58.

32) R. Mailänder und W. Ruttmann: „Der Einfluß von Vorwärm- und Vorlastzeit auf das Ergebnis des Dauerstandversuchs". Arch. Eisenhüttenwes. 10 (1936/37) S. 359/65.

33) Werkstoffhandbuch Stahl und Eisen. Düsseldorf 1937. Verlag Stahleisen; Qu 31.

34) E. Houdremont, H. Bennek und H. Schrader: „Härtbarkeit und Anlaßbeständigkeit von Stählen mit schwerlöslichen Sonderkarbiden". Arch. Eisenhüttenwes. 6 (1932/33) S. 24/34.

35) L. Guillet: Siehe P. Oberhoffer „Das technische Eisen". Berlin, Julius Springer 1936 S. 184.

36) L. Guillet: Siehe P. Oberhoffer „Das technische Eisen". Berlin, Julius Springer 1936 S. 173.

37) I. L. Gregg: „The Alloys of Iron and Molybdenum". Mc Graw Hill Book Co. New York and London 1932.

38) M. Fleishmann: „Selection of Steels for High Temperatures". Steel 17 (1938) S. 34/39 (Siehe 10).

39) W. Tofaute und W. Ruttmann: „Warmfeste Werkstoffe für Temperaturen bis zu 600⁰". Wärme 60 (1937) S. 703/9.

40) Werkstoffhandbuch Stahl und Eisen. Düsseldorf 1937. Verlag Stahleisen; C 47.

41) F. Wever, A. Rose und W. Eggers: „Beitrag zur Kenntnis der Eisenecke im Dreistoffsystem Eisen-Vanadin-Kohlenstoff". Mitt. Kais.-Wilh.-Inst. Eisenforschg., Düsseld. 18 (1936) S. 239/46.

42) R. Vogel: Siehe P. Oberhoffer „Das technische Eisen". Berlin, Julius Springer 1936, S. 98.

43) F. Wever und A. Heinzel: „Zwei Beispiele von Dreistoffsystemen des Eisens mit geschlossenem γ-Raum". Mitt. Kais.-Wilh.-Inst. Eisenforschg., Düsseld. 13 (1931) S. 193/97.

44) F. Wever und A. Rose: „Einfluß der Abkühlungsgeschwindigkeit auf die Umwandlungen und die Eigenschaften der Vanadinstähle". Mitt. Kais.-Wilh.-Inst. Eisenforschg., Düsseldorf 20 (1938) S. 213/27.

45) A. Heinzel: „Die Umkristallisation mit geschlossenem γ-Feld beim A₃- und A₄-Punkt". Arch. Eisenhüttenwes. 7 (1934) S. 479/82.

46) H. Schmitz: „Vereinheitlichung des Dauerstandversuchs mit Stahl". St. u. E. 55 (1935) S. 1523/34.

47) A. E. White, C. L. Clark und R. L. Wilson: „Factors influencing creep of steels at elevated temperatures". Steel 13 (1934) S. 30/33.

48) Z. Jeffries: „Effect of Temperature, deformation and grain Size on the mechanical properties of metals". Trans. Amer. Inst. min. metallurg. Engr. 60 (1919) Vergl. Steel 13 (1934) S. 30/33.

49) R. Rapatz: „Die Edelstähle". Berlin, Julius Springer (1934) S. 184/95.

50) E. Houdremont und Ehmke: „Warmfeste Stähle". St. u. E. 49 (1929) S. 1265.

51) G. Tammann und V. Caglioti: „Die Erholung des elektrischen Widerstandes und der Härte binärer Eisenmischkristalle von den Folgen der Kaltbearbeitung". Ann. Phys. 16 (1933) S. 680/84.

52) K. S. Seljesater und B. S. Rogers: Trans. Amer. Soc. Steel Treat. 19 (1932) S. 558. Siehe Houdremont „Einführung in die Sonderstahlkunde". Berlin, Julius Springer (1935) S. 331.

Über eine allgemeine Grundlage zur Herstellung und Entwicklung warmfester vergüteter Stähle.

Von Dr.-Jng. H. S c h o l z und Dipl.-Jng. W. H o l t m a n n.

Der Einfluß der verschiedenen Legierungselemente auf die Dauerstandfestigkeit ist schon Gegenstand umfangreicher Forschungsarbeiten gewesen [1]. Über den gleichzeitigen Zusatz mehrerer Legierungselemente zu warmfesten Stählen liegen aber nur Einzeluntersuchungen vor, die lückenhaft sind, zum Teil auch einander widersprechen, so daß sie im allgemeinen keine Vorhersagen über das Verhalten neuer, bisher noch nicht untersuchter Legierungen zulassen.

Eine allgemeine Theorie über die Wirkung der Legierungselemente in einfach und mehrfach legierten Stählen stellten A. E. W h i t e und C. L. C l a r k [2] auf. Sie betrachten die Fähigkeit der Elemente zur Karbidbildung als maßgebend für ihren Einfluß auf die Dauerstandfestigkeit. Danach sollen die karbidbildenden Elemente Chrom, Molybdän, Vanadin, Wolfram und Titan für alle in Frage kommenden Temperaturbereiche die Dauerstandfestigkeit erhöhen, während Nickel, Mangan, Silizium, Aluminium und Kupfer nur bei Verwendung bei Temperaturen unterhalb der Rekristallisationstemperatur in diesem Sinne wirken sollen. Eine weitere Erklärung für die Wirkung einer Gruppe von Legierungselementen, die sich auf mehrfach legierte Stähle anwenden läßt, brachten E. H o u d r e m o n t und E h m k e [3]; danach ist die Ursache der Erhöhung der Dauerstandfestigkeit durch Elemente wie Molybdän, Wolfram usw. in der Erhöhung der Rekristallisationstemperatur bzw. der Temperatur der Kristallerholung zu suchen.

Aber auch die Theorien von A. E. W h i t e, C. L. C l a r k und R. L. W i l s o n bzw. E. H o u d r e m o n t und E h m k e können keine Erklärung dafür geben, daß einige Elemente, wie von den Verfassern gefunden wurde, in dem einen Stahl erhöhend, in dem anderen aber vermindernd auf die Dauerstandfestigkeit einwirken.

In den nachstehenden Ausführungen soll der Versuch gemacht werden, Gesetzmäßigkeiten über den Einfluß der Legierungselemente auf die Dauerstandfestigkeit vergüteter Stähle abzuleiten, die für alle Legierungselemente oder zum mindesten für große Gruppen unter ihnen Gültigkeit haben und daher auf mehrfach legierte dauerstandfeste Stähle Anwendung finden können. Ausgangspunkt der Betrachtung ist hierbei der vor dem Abschrecken in den Stählen vorhandene Gefügezustand.

Nach F. W e v e r [4] werden die Legierungselemente des Eisens nach ihrer Einwirkung auf das γ-Feld des Zustandsdiagramms in 4 verschiedene Gruppen eingeteilt, und zwar werden unterschieden Legierungen mit offenem, erweitertem, geschlossenem und eingeengtem γ-Feld (Bild 1). Zu den Legierungen mit

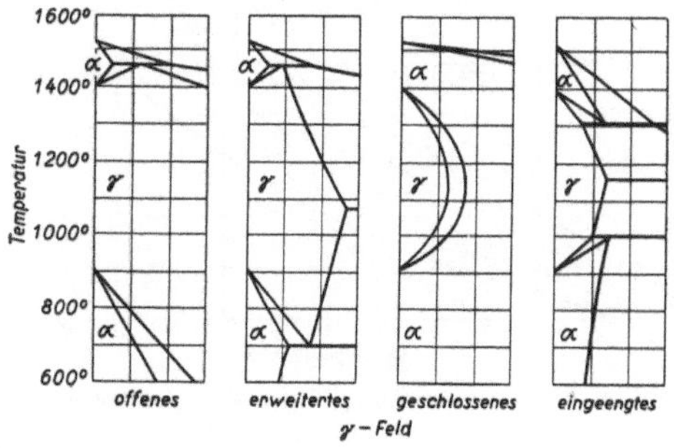

Bild. 1. Dreistoffsysteme des Eisens nach Wever.

offenem γ-Feld gehören in der Hauptsache die mit Mangan, Kobalt und Nickel. Eine Erweiterung des γ-Feldes bewirken Kohlenstoff, Stickstoff und Kupfer. Das geschlossene γ-Feld ist kennzeichnend für die Legierungen mit Beryllium, Titan, Vanadin, Chrom, Molybdän, Wolfram u. a. Einengung des γ-Feldes endlich erfolgt durch die Elemente Bor, Schwefel,

Zirkon und Cer. Für warmfeste nichtaustenitische Stähle kommen nach den bisherigen Erfahrungen für Temperaturen etwa oberhalb 450° vorwiegend die Elemente der dritten Gruppe, also die mit geschlossenem γ-Feld, in Betracht. Der Einfluß der Elemente dieser Gruppe bei verschiedenen Kohlenstoffgehalten soll daher zunächst erörtert werden.

Bei den Stählen mit geschlossenem γ-Feld wird die A_4-Umwandlung mit steigendem Legierungsgehalt erniedrigt und die A_3-Umwandlung gleichzeitig erhöht, bis die Linien für beide Umwandlungen bei einem bestimmten Legierungsgehalt in einem Punkt zusammentreffen. Bei diesem Legierungsgehalt wird das γ-Feld von einer Vertikalen nicht mehr geschnitten, sondern in seinem Scheitelpunkt berührt. Eine weitere Steigerung des Zusatzes ergibt naturgemäß keine Veränderung der Umwandlungstemperatur mehr, vielmehr findet dann überhaupt keine Umwandlung mehr statt, diese Legierungen sind deshalb nicht vergütbar.

Der Kohlenstoff gehört zu den das γ-Gebiet erweiternden Elementen und wirkt in umgekehrter Richtung wie die Legierungselemente mit geschlossenem γ-Feld. Je mehr Kohlenstoff der Stahl enthält, ein umso höherer Legierungsgehalt ist daher zur Abschnürung des γ-Gebiets erforderlich [Bild 2 nach A. K r i z und F. P o b o r i l [5])].

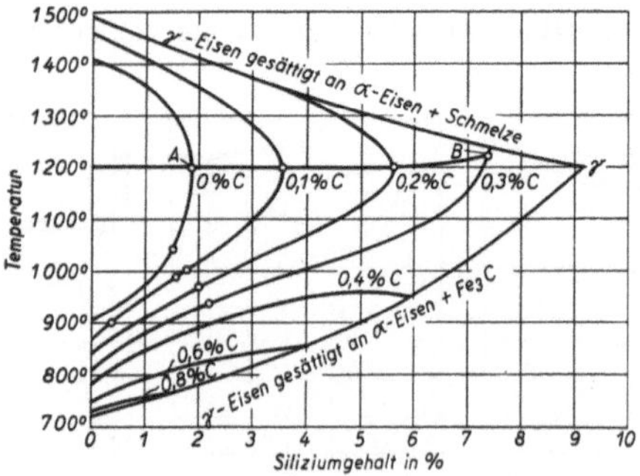

Bild 2. System Eisen-Silizium nach Kriz und Poboril.

Für zwei Legierungselemente mit geschlossenem γ-Feld, nämlich Vanadin und Molybdän, wurde von W. H o l t m a n n [6]) der Einfluß auf die Dauerstandfestigkeit vergüteter Stähle bei verschiedenen Kohlenstoffgehalten untersucht. Hiernach nimmt bei gleichbleibendem Kohlenstoffgehalt die Dauerstandfestigkeit mit steigendem Gehalt an Vanadin und Molybdän zu, bis sie bei bestimmten, für jeden Kohlenstoffgehalt festliegenden Gehalten kurz vor der Grenze des γ-Gebietes einen Höchstwert erreicht. Dann erfolgt — in erster Linie infolge des Auftretens von nichtumgewandeltem Ferrit — ein steiler Abfall der Dauerstandfestigkeit. Wegen der Erweiterung des γ-Gebietes durch Kohlenstoff ist um so mehr Vanadin und Molybdän zur Erreichung des Höchstwertes erforderlich, je höher der Kohlenstoffgehalt liegt. Der Kohlenstoff und die Elemente Vanadin bzw. Molybdän stehen daher in einer bestimmten Wechselbeziehung zueinander, die auch dadurch zum Ausdruck kommt, daß die Höchstwerte für die Dauerstandfestigkeit in einem räumlichen Schaubild mit der Grundfläche Eisen-Legierungselement - Kohlenstoff und der Ordinate Dauerstandfestigkeit auf der „Scheitellinie“ eines langgestreckten Buckels liegen.

Durch weitere Untersuchungen wurde nun nachgewiesen, daß diese Gesetzmäßigkeit nicht nur für Vanadin und Molybdän, sondern auch für eine große Zahl weiterer Elemente mit abgeschnürtem γ-Gebiet zutrifft. Entsprechende Versuche wurden durchgeführt an Stählen mit Wolfram, Silizium, Phosphor, Chrom usw. Es ist deshalb anzunehmen, daß die Gesetzmäßigkeit ganz allgemein Gültigkeit hat, d. h. also:

1. Die Dauerstandfestigkeit wird durch sämtliche Legierungselemente mit geschlossenem γ-Gebiet bis kurz vor der Grenze des γ-Feldes erhöht.

2. Mit Auftreten von freiem Ferrit bei weiterer Erhöhung des Legierungsgehaltes über die Grenze des γ-Gebiets hinaus nimmt die Dauerstandfestigkeit schnell ab.

3. Die Höchstwerte für die Dauerstandfestigkeit verschieben sich entsprechend der Erweiterung des γ-Gebietes mit steigendem Kohlenstoffgehalt zu höheren Legierungsgehalten und reihen sich in einem räumlichen Schaubild mit dem ternären System Eisen-Legierungselement-Kohlenstoff als Grundfläche und der Dauerstandfestigkeit als Ordinate zu einer Scheitellinie aneinander.

In folgendem sei angenommen, daß der Höchstwert der Dauerstandfestigkeit genau mit der Grenze des γ-Gebietes zusammenfällt; dann läßt sich die Scheitellinie in einfacher Weise aus dem Gleichgewichtsschaubild ableiten, wie am Beispiel des Siliziums (Bild 2) gezeigt werden soll. Verbindet man die äußersten Punkte der sich für verschiedene Kohlenstoffgehalte ergebenden γ-Felder miteinander, so erhält man bei der gewählten Darstellung die ungefähr horizontal verlaufende Linie AB. Durch

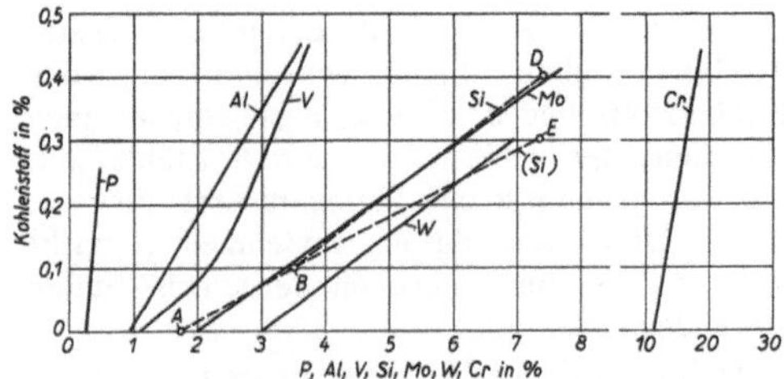

Bild 3. Schaubild für die Abgleichung der Stähle an Legierungselementen.

Projektion dieser Linie auf die Grundfläche des ternären Systems Fe-Si-C kommt man zu dem in Bild 3 angegebenen Verlauf der Kurve ABE für Silizium.

Ebenso wie für Silizium wurde die Linie der Scheitelpunkte für eine Reihe anderer, das γ-Feld abschnürender Elemente nach den im Schrifttum vorhandenen Angaben und nach eigenen Versuchen festgestellt und in Bild 3 eingetragen, und zwar für die Elemente Phosphor [7, 8]), Aluminium [9, 10]), Vanadin [6, 11]), Molybdän [6, 12]), Silizium, Wolfram [13]) und Chrom [14]). Die Kurve für Silizium wurde gegenüber dem aus Bild 2 ermittelten Verlauf ABE oberhalb 0,1% C etwas abgeändert [15]) (ABD).

Bild 3 zeigt also die Lage der äußersten Punkte der sich bei den verschiedenen Kohlenstoffgehalten ergebenden γ-Felder in Abhängigkeit vom Kohlenstoff und Legierungsgehalt. Entsprechend der erläuterten Gesetzmäßigkeit für Legierungselemente mit geschlossenem γ-Gebiet gibt sie gleichzeitig die Zusammensetzung derjenigen Stähle an, für die Höchstwerte an Dauerstandfestigkeit erwartet werden können.

Die Neigung der Kurven zur Ordinatenachse gibt die das γ-Feld erweiternde Wirkung des Kohlenstoffgehalts an, die je nach dem Legierungselement verschieden stark ist. Die Linien werden im folgenden, da sie, wie noch erörtert wird, zur Abgleichung der mehrfach legierten Stähle benutzt werden, „Abgleichlinien" genannt.

Damit wäre für jedes einzelne das γ-Feld abschnürende Element die Wirkung auf die Dauerstandfestigkeit klargestellt. In mehrfach legierten Stählen verhalten sich die das γ-Gebiet abschnürenden Elemente in ihrem Einfluß auf den Gefügebau nach bisheriger Kenntnis additiv. Für die Dreistoffsysteme Eisen - Silizium - Aluminium und Eisen-Chrom-Molybdän liegen hierüber eingehende Untersuchungen an praktisch kohlenstofffreien Stählen von F. W e v e r und A. H e i n z e l [16]) vor.

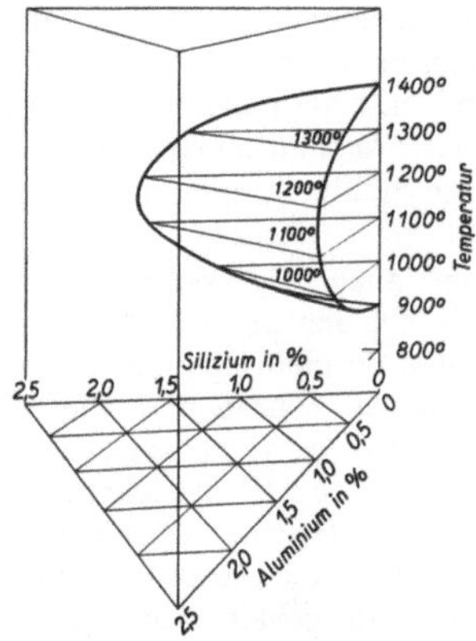

Bild 4. ⌊Zustandsfeld der γ-Mischkristalle im Dreistoffsystem Fe-Si-Al (nach Wever und Heinzel).

Bild 4 zeigt die Eisenecke des Dreistoffsystems Eisen - Silizium - Aluminium nach F. W e v e r und A. H e i n z e l. Der Scheitelpunkt des γ-Feldes wird hier zu einer Linie, die bei etwa 1150° liegt. Nach diesem Diagramm verhalten sich beide Elemente in ihrer Wirkung auf die Lage des Umwandlungspunktes zahlenmäßig gleichwertig, da die den γ-Raum begrenzenden Isothermen gradlinig und horizontal verlaufen. Der Einfluß beider Elemente kann daher nach einer einfachen Gleichung berechnet werden.

Auch der gleichzeitige Einfluß von Chrom und Molybdän auf die polymorphen Umwandlungen des Eisens ist nach F. W e v e r und A. H e i n z e l seinem Wesen nach additiv (Bild 5). Eine einfache Berechnung aus dem verhältnismäßigen Anteil jedes einzelnen Elements ist hier aber nicht möglich, da Chrom bei niedrigen

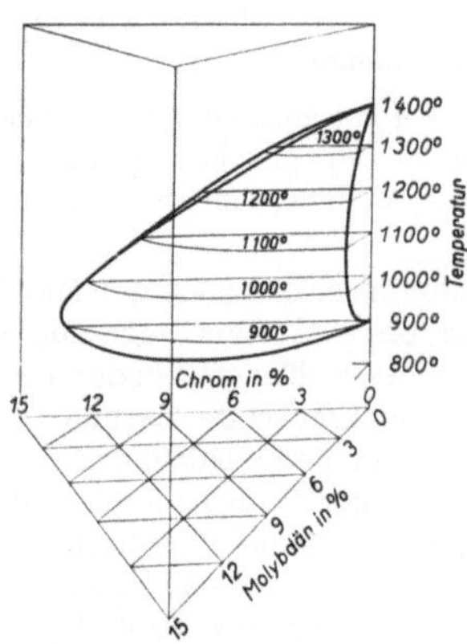

Bild 5. Zustandsfeld der γ-Mischkristalle im Dreistoffsystem Fe-Cr-Mo (nach Wever und Heinzel).

Gehalten trotz seiner das γ-Gebiet abschnürenden Wirkung zunächst die A_3-Umwandlung erniedrigt und erst bei höheren Gehalten erhöht. Die weiteren Ausführungen gelten daher für chromhaltige Stähle nur mit einer gewissen Einschränkung.

Um nun auch die Wechselwirkung des Kohlenstoffs mit den das γ-Gebiet abschnürenden Elementen für mehrfach legierte Stähle darstellen zu können, wurde über die Arbeit von F. W e v e r und A. H e i n z e l hinausgehend eine besondere Regel entwickelt, deren Ableitung an einem Beispiel erläutert wird. Der Ableitung zu Grunde gelegt sei ein Stahl mit einem Kohlenstoffgehalt von 0,1%. Würde dieser Stahl beispielsweise nur mit Vanadin legiert, so würde, wie sich aus Bild 3 ablesen läßt, bei 2,2% V die Grenze des γ-Gebiets und der Höchstwert für die Dauerstandfestigkeit erreicht. Bei Legierung mit Molybdän wäre diese Bedingung, wie sich gleichfalls aus Bild 3 ergibt, bei 3,4% Mo, bei einem reinen Silizium-Stahl bei 3,5% Si erfüllt.

Denkt man sich nun verschiedene solche „Teil"-Stähle, deren Zusammensetzung in der gleichen Weise ermittelt wurde, zu etwa gleichen Teilen zusammengemischt, so werden — wie dies F. W e v e r und A. H e i n z e l an dem kohlenstoff-freien Dreistoffsystem Fe-Si-Al gezeigt haben — auch bei dem kohlenstoffhaltigen „Misch"-Stahl ähnliche Bedingungen für die Gleichgewichte bei den für eine Abschreckbehandlung in Frage kommenden Temperaturen und damit auch für den Gefügeaufbau nach dem Abschrecken bzw. Vergüten auftreten wie bei den einfach legierten „Teil"-Stählen, wenn folgende Voraussetzungen erfüllt sind, nämlich daß

a) alle drei „Teil"-Stähle den gleichen Kohlenstoffgehalt haben,

b) ihre das γ-Feld einschnürenden Legierungselemente in der gleichen Richtung wirken, indem sie den A_3-Umwandlungspunkt erhöhen.

Das besagt also, daß auch der Mischstahl an der Grenze des γ-Gebiets liegt und daß eine Änderung seines Kohlenstoff- oder Legierungsgehalts eine entsprechende Wirkung auf seinen Gefügeaufbau zur Folge haben muß wie bei den Teilstählen. Da der Gefügeaufbau, wie bei den einfach legierten und bei einer Reihe von mehrfach legierten Stählen nachgewiesen wurde[6]), im wesentlichen für die Veränderungen der Dauerstandfestigkeit gleichartiger vergüteter Stähle maßgebend ist, bedeutet dies, daß die für

die einfach legierten Stähle gefundene Gesetzmäßigkeit über die Wechselwirkung des Kohlenstoffs und der Legierungselemente auch für diejenigen mehrfach legierten Stähle gilt, die vorwiegend solche Elemente enthalten, die das γ-Gebiet abschnüren. Im einzelnen wirkt sich das Zusammenmischen der „Teil"-Stähle folgendermaßen aus:

1. Der kurz oberhalb seiner oberen Umwandlungstemperatur abgeschreckte „Misch"-Stahl besteht aus einer martensitischen Grundmasse ohne freien Ferrit.

2. Der obere Umwandlungspunkt des „Misch"-Stahles wird etwa dem arithmetischen Mittel der Umwandlungspunkte der einzelnen „Teil"-Stähle entsprechen. In jedem Falle wird er aber höher liegen als der des „Teil"-Stahles mit dem niedrigsten Umwandlungspunkt.

3. Die Dauerstandfestigkeit des „Misch"-Stahls liegt meist höher als das arithmetische Mittel der Dauerstandfestigkeit der einzelnen „Teil"-Stähle.

Die Sätze zu 1. und 2. werden durch die bereits erwähnten Feststellungen von F. Wever und A. Heinzel für einige Legierungselemente bestätigt.

Satz 3 ergibt sich aus der immer wieder feststellbaren Tatsache, daß geringere Gehalte mehrerer Legierungselemente in einem Stahl eine stärkere Wirkung hervorrufen als etwa entsprechend hohe Gehalte nur eines einzelnen Legierungselements. Dies wird auch für die Dauerstandfestigkeit durch zahlreiche Versuche, über die weiter unten noch berichtet wird, bestätigt.

Die „Mischungen" der nach dem oben beschriebenen Verfahren auf Grund des Bildes 3 ausgerichteten Teillegierungen zu einer einheitlichen Legierung werden im folgenden „abgeglichene" Stähle genannt. Sowohl eine Unterschreitung wie auch eine Überschreitung des sich aus der Zusammensetzung der „Teil"-Stähle ergebenden Legierungsgehalts eines „abgeglichenen" Stahls muß, genau wie bei den einfach legierten Stählen, ein Absinken seiner Dauerstandfestigkeit zur Folge haben.

Zur Ableitung der Zusammensetzung eines mit Molybdän und Vanadin legierten „abgeglichenen" Stahls mit 0,1% C wäre folgendermaßen zu verfahren:

Der Bestwert für Vanadin allein liegt, wie bereits gezeigt, bei 2,2%, der für Molybdän bei 3,4%. Werden beide Elemente verwendet, so können beispielsweise 33% des Bestwertes des

Vanadingehaltes und 67% des Bestwertes des Molybdängehaltes als Legierungsbestandteile für den „abgeglichenen" Stahl benutzt werden, d. h. also 0,73% V und 2,28% Mo.

Legt man ferner auf Grund irgendwelcher anderer Erwägungen für einen Stahl, der drei Legierungselemente enthalten soll, den Gehalt für zwei Elemente bei einem bestimmten Kohlenstoffgehalt fest, so läßt sich die richtige Höhe des dritten Bestandteiles ohne weiteres feststellen. Waren beispielsweise die dem Molybdän-Vanadin-Silizium-Stahl des Bildes 6

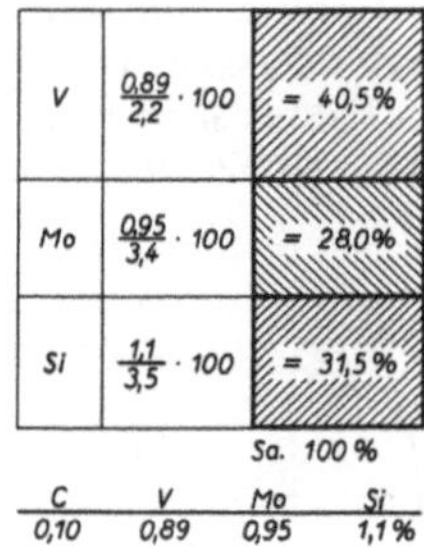

Bild 6. Abgeglichener Stahl mit 0,10 % C.

zugesetzten Mengen von Silizium und Molybdän festgelegt, so läßt sich berechnen, wie hoch die zur „Abgleichung" fehlende Menge an Vanadin sein muß, damit ein Höchstwert an Dauerstandfestigkeit erreicht wird. Es muß dann nämlich die Gleichung erfüllt werden:

$$\frac{0,95}{3,4} \cdot 100 + \frac{1,1}{3,5} \cdot 100 + \frac{x}{2,2} \cdot 100 = 100.$$

Daraus ergibt sich x = 0,89% als notwendiger Vanadingehalt.

In Bild 6 ist der Anteil jedes der drei Legierungselemente an der Abgleichung des Stahles dargestellt. Jedes der drei schraffierten Gebiete entspricht einem „Teil"-Stahl des „abgeglichenen" Stahls.

Die entsprechende Abgleichung läßt sich für jeden anderen Kohlenstoffgehalt im in Frage kommenden Bereich durchführen. Allgemein läßt sich somit bei Verwendung mehrerer das γ-Feld einschnürender Bestandteile zur Errechnung der einzelnen Gehalte die nachstehende Formel benutzen:

$$\frac{(\% Si) \cdot 100}{Si_C} + \frac{(\% Mo) \cdot 100}{Mo_C} + \frac{(\% V) \cdot 100}{V_C} + \cdots = M$$

Als Nenner sind die für einen bestimmten Kohlenstoffgehalt aus dem Schaubild (Bild 3) zu entnehmenden optimalen Gehalte der Legierungselemente Silizium (Si_C), Vanadin (V_C), Molybdän (Mo_C) usw. für einfach legierte Stähle

einzusetzen, als Zähler die bereits festgelegten oder noch zu bestimmenden Prozentgehalte an diesen Legierungselementen. M ist der sog. Abgleichfaktor, der ein Maß für die Absättigung des Stahls an Legierungselementen bzw. für seine Abgleichung darstellt. Ist der Abgleichfaktor M = 100, wie bei dem besprochenen Beispiel, so ist der Stahl gerade abgeglichen; ist der Faktor größer als 100, so ist der Stahl überlegiert.

Der Zusammenhang zwischen dem Legierungs- und Kohlenstoffgehalt, dem Abgleichfaktor und dem Gefüge eines Stahls nach dem Abschrecken bzw. nach einer Vergütung ist in Bild 7 schematisch dargestellt. Als Abszisse

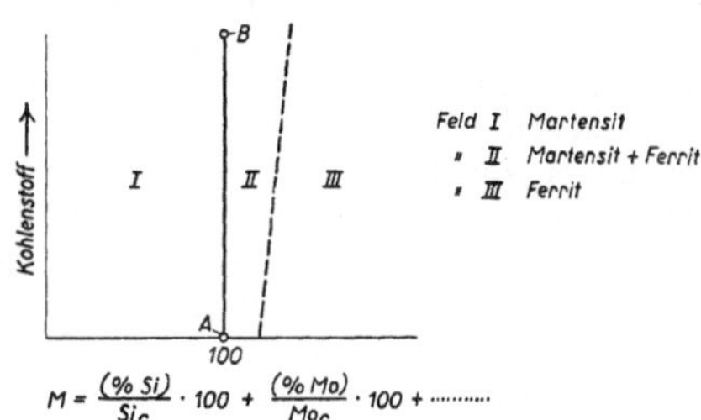

$$M = \frac{(\% Si)}{Si_C} \cdot 100 + \frac{(\% Mo)}{Mo_C} \cdot 100 + \cdots$$

Bild 7. Gefügeausbildung bei verschiedenem Kohlenstoffgehalt in Abhängigkeit vom Abgleichfaktor (schematisch).

ist dabei der Abgleichfaktor M gewählt, der sich nach der Abgleichregel für jeden einzelnen Fall ausrechnen läßt, die Ordinate stellt den Kohlenstoff dar. In dieser Darstellung lassen sich nun eine Reihe von Gefügefeldern abgrenzen. Durch die Linie A — B, die dem Abgleichfaktor M = 100 entspricht, werden die Stähle mit martensitähnlichem Vergütungsgefüge (Feld I) von dem halbferritischen (Feld II) abgegrenzt, neben diesen liegt das Feld III der rein ferritischen Stähle. Bei höheren Kohlenstoffgehalten können noch in den Martensit oder Ferrit eingelagerte Karbide oder innerhalb der Felder I und II je nach den Legierungselementen mehr oder weniger große Mengen Austenit auftreten. Dies ist aber im vorliegenden Falle von untergeordneter Bedeutung, da die Abgleichregel bisher nur für Kohlenstoffgehalte unter etwa 0,45% angewendet wurde, wie sie für legierte Vergütungsstähle im allgemeinen in Frage kommen. Durch Bild 7 wird also die Wechselwirkung zwischen dem Kohlenstoffgehalt und der Summe der das γ-Feld einschnürenden Legierungsbestandteile klargestellt. Je höher der Kohlenstoffgehalt ist, ein um so größerer Gehalt an Legierungselementen ist erforderlich, um den Faktor M = 100 zu erreichen.

Durch Niedrighalten des Kohlenstoffgehalts kann andererseits der Gehalt an den das γ-Feld einschnürenden Legierungsbestandteilen herabgesetzt werden, da bei niedrigem Kohlenstoffgehalt die warmfesten Stähle durch geringere Prozentgehalte an Legierungsbestandteilen abgeglichen werden als bei hohem Kohlenstoffgehalt. Hiernach könnte also durch möglichst geringen Kohlenstoffgehalt auch der Aufwand an wertvollen Legierungsbestandteilen zur Erzielung einer bestimmten Dauerstandfestigkeit gering gehalten werden. Dieser Maßnahme sind aber Grenzen gesetzt, da bekanntlich die kritische Abkühlungsgeschwindigkeit mit abnehmendem Kohlenstoff- und Legierungsgehalt stark ansteigt. Für jede Stahlzusammensetzung werden bei einem bestimmten Vergütungsquerschnitt auch schroffe Abschreckmittel nicht mehr ausreichen, um das Gefüge vollständig in Martensit, der zur Erzielung höchster Dauerstandfestigkeit erforderlich ist, umzuwandeln, vor allem dann, wenn im Stahl nur wenig Elemente vorhanden sind, die die kritische Abkühlungsgeschwindigkeit vermindern. Wenn bei sehr großem Vergütungsquerschnitt die höchste Dauerstandfestigkeit auch im Kern erreicht werden soll, darf daher der Kohlenstoffgehalt bei den jeweils verwendeten Legierungselementen eine gewisse untere Grenze, die durch Versuche leicht festzulegen ist, nicht unterschreiten.

Im folgenden wird die Richtigkeit der aufgestellten Regel an Hand von Versuchsergebnissen des Schrifttums und von eigenen Versuchen nachgeprüft, und zwar zunächst an einfach legierten, dann auch an mehrfach legierten Stählen. Bild 8 zeigt die Abhängigkeit der Dauerstandfestigkeit vom Abgleichfaktor M für Vanadinstähle mit 0,1, 0,2 und 0,3% C. Die

Dauerstandfestigkeitswerte wurden dem von W. Holtmann[6]) aufgestellten Schichtlinienbild entnommen. In der Abbildung steigt der Vanadingehalt von links nach rechts an, wie durch einen Pfeil angedeutet wurde. Aus der Abbildung geht hervor, daß die Dauerstandfestigkeit mit einer Vergrößerung des Abgleichfaktors zunächst bis zur Erreichung eines Höchstwertes ansteigt, um bei weiterer Vergrößerung des Faktors aber wieder sehr schnell abzunehmen. Der Höchstwert der Dauerstandfestigkeit liegt jedoch, wie von W. Holtmann erläutert wurde, nicht genau an der Grenze des γ-Gebietes, sondern bei etwas niedrigeren Legierungsgehalten; infolgedessen auch nicht beim Faktor M = 100, sondern etwa beim Faktor M = 80 bis 90.

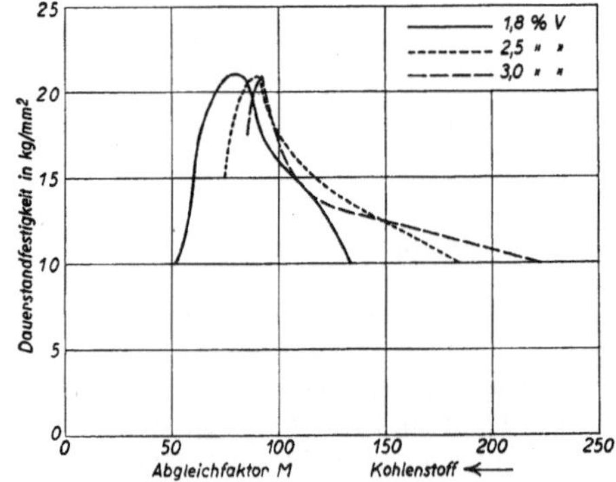

Bild 9. Abhängigkeit der Dauerstandfestigkeit der Vanadinstähle vom Abgleichfaktor M bei gleichbleibendem Vanadingehalt.

Bild 9 zeigt, daß die Veränderungen der Dauerstandfestigkeit mit dem Faktor M für Vanadinstähle mit gleichbleibenden Vanadingehalten von 1,8, 2,5 und 3,0% ganz ähnlich sind wie bei den vorher besprochenen Stählen mit steigendem Vanadingehalt. Auch in dieser

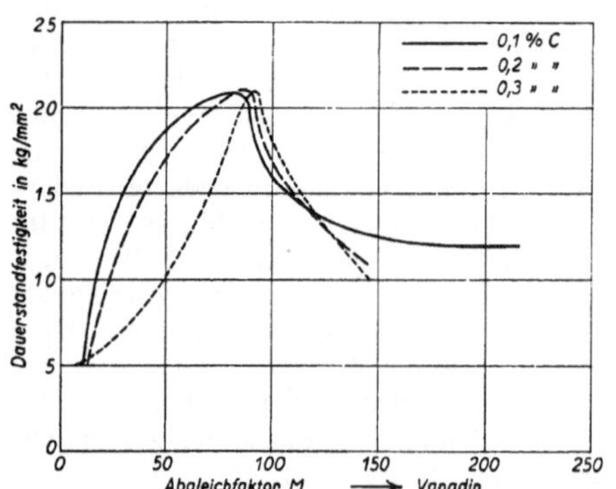

Bild 8. Abhängigkeit der Dauerstandfestigkeit der Vanadinstähle vom Abgleichfaktor M bei gleichbleibendem Kohlenstoffgehalt.

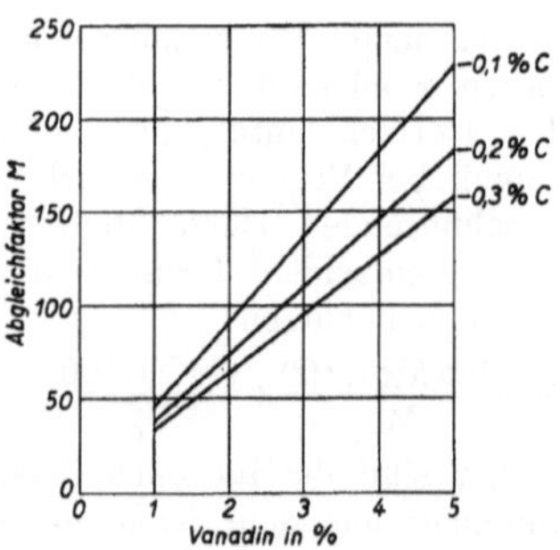

Bild 10. Abhängigkeit des Abgleichfaktors M der Vanadinstähle bei gleichbleibendem Kohlenstoffgehalt vom Vanadingehalt.

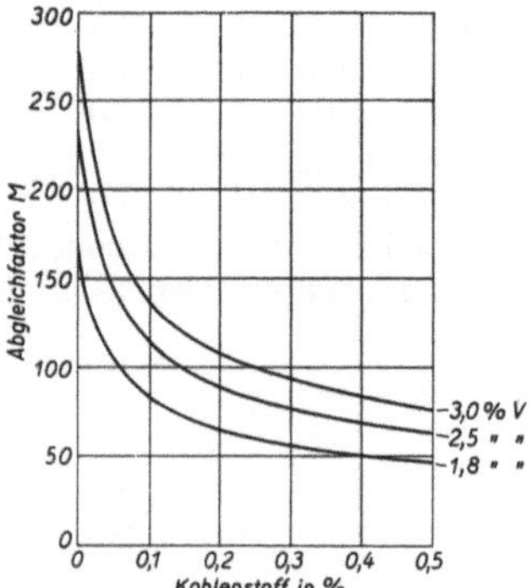

Bild 11. Abhängigkeit des Abgleichfaktors M der Vanadinstähle bei gleichbleibendem Vanadingehalt vom Kohlenstoffgehalt.

steigen (Bild 10). Für Stähle mit gleichbleibendem Vanadingehalt, aber veränderlichem
Kohlenstoffgehalt liegt zwar keine Proportio-
nalität zwischen Faktor und Kohlenstoffgehalt
vor, doch ist auch dieser Zusammenhang in einfacher Weise darstellbar (Bild 11).

Eine ähnliche Abhängigkeit der Dauerstandfestigkeit vom Abgleichfaktor ergibt sich
bei einer Anwendung der Formel auf die
in der erwähnten Arbeit[6]) gleichfalls untersuchten Molybdän-Vanadin-Stähle (Bild 12 und
Tafel 1) und Molybdän-Vanadin-Silizium-Stähle
(Bild 13 und Tafel 2). Der bei den oben besprochenen Vanadinstählen scharf ausgeprägte
Höchstwert ist hier zu einem etwas breiteren
Bereich auseinandergezogen. Dies ist auf den
schon besprochenen Einfluß des Kohlenstoffs
auf die kritische Abkühlungsgeschwindigkeit
zurückzuführen, der sich dem Einfluß des
Kohlenstoffs auf die Abschnürung des γ-Gebiets
überlagert. Bei den Molybdän-Vanadin-Silizium-
Stählen (Bild 13) ist daher die Martensitbildung

Abbildung wurde durch einen Pfeil angedeutet,
daß der Kohlenstoffgehalt von rechts nach links
zunimmt.

Die Begründung für diese Abhängigkeit der
Dauerstandfestigkeit vom Faktor M ergibt sich

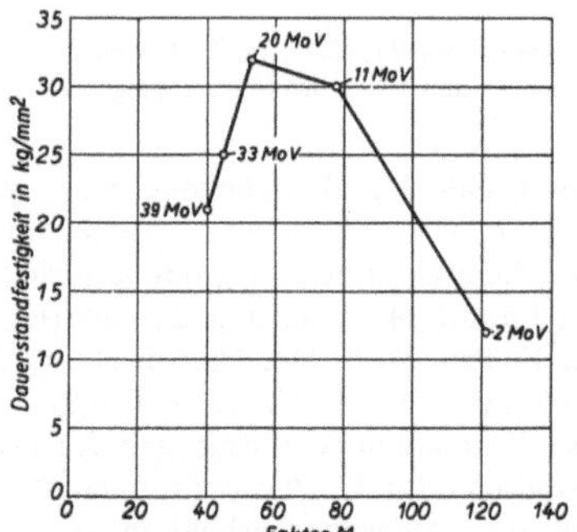

Bild 12. Dauerstandfestigkeit der Molybdän-Vanadin-Stähle
bei 550⁰ in Abhängigkeit vom Abgleichfaktor M.

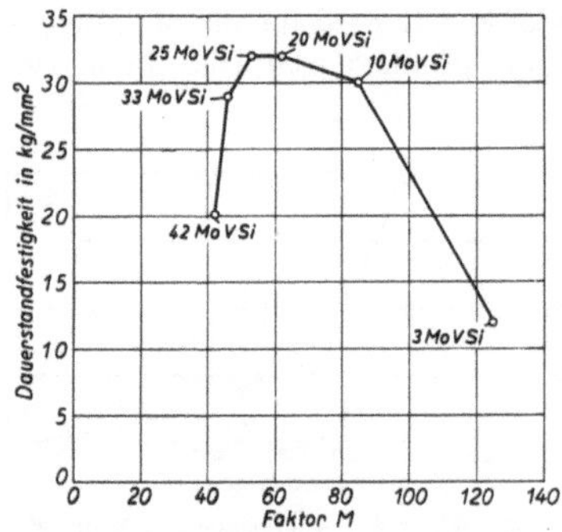

Bild 13. Dauerstandfestigkeit der Molybdän-Vanadin-Silizium-
Stähle bei 550⁰ in Abhängigkeit vom Abgleichfaktor M.

aus der Ableitung der Abgleichformel. Entsprechend dieser Formel muß der Abgleichfaktor für Stähle mit gleichbleibendem Kohlenstoffgehalt proportional dem Vanadingehalt an-

der Stähle 20 Mo-V-Si und 25 Mo-V-Si wegen
der durch den höheren Kohlenstoffgehalt bedingten niedrigeren kritischen Abkühlungsgeschwindigkeit vollständiger als bei dem Stahl

Tafel 1.

Chemische Zusammensetzung der Mo-V-Stähle.

Stahl	Chemische Zusammensetzung in %				
	C	Si	Mn	Mo	V
2 Mo V	0,02	0,18	0,26	1,62	0,54
11 Mo V	0,11	0,16	0,29	1,70	0,58
20 Mo V	0,20	0,10	0,29	1,70	0,55
33 Mo V	0,33	0,09	0,31	1,65	0,62
39 Mo V	0,39	0,11	0,32	1,63	0,58

Tafel 2.

Chemische Zusammensetzung der Mo-V-Si-Stähle.

Stahl	Chemische Zusammensetzung in %				
	C	Si	Mn	Mo	V
3 Mo V Si	0,03	0,64	0,28	1,33	0,60
10 Mo V Si	0,10	0,65	0,25	1,30	0,65
20 Mo V Si	0,20	0,66	0,25	1,28	0,59
25 Mo V Si	0,25	0,54	0,25	1,23	0,62
33 Mo V Si	0,33	0,56	0,26	1,25	0,60
42 Mo V Si	0,42	0,59	0,34	1,30	0,65

10 Mo-V-Si. Dies hat zur Folge, daß der Höchstwert nicht, wie es ohne den Einfluß der kritischen Abkühlungsgeschwindigkeit der Fall sein müßte, etwa bei dem Stahl 10 Mo-V-Si liegt, sondern sich zu etwas höheren Kohlenstoffgehalten verschiebt und daß der Bereich der hohen Dauerstandfestigkeit wegen der Überlagerung von zwei verschiedenen Einflüssen sich etwas weiter auseinanderzieht. Der Unterschied zwischen den Stählen 20 Mo-V-Si und 10 Mo-V-Si ist aber nur gering, außerdem ist die unzureichende Martensitbildung im Gefügebild leicht zu erkennen[6]), so daß auch in derart gelagerten Fällen die Abgleichregel ihre Bedeutung beibehält. Wenn die Legierungsgehalte so gewählt worden wären, daß der Faktor M = 80 bis 90 bei höheren Kohlenstoffgehalten beispielsweise bei 0,20% C läge, würde auch der Höchstwert bei diesen Werten für den Faktor liegen, da dann der Stahl eine genügend niedrige kritische Abkühlungsgeschwindigkeit aufweist.

Die Abhängigkeit des Abgleichfaktors vom Kohlenstoffgehalt wird für die Molybdän-Vanadin-Silizium-Stähle durch Bild 14 klargestellt.

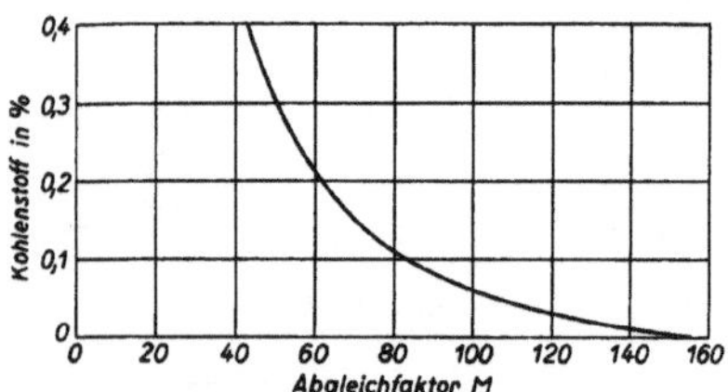

Bild 14. Abhängigkeit des Abgleichfaktors M der Molybdän-Vanadin-Silizium-Stähle vom Kohlenstoffgehalt.

Mit abnehmendem Kohlenstoffgehalt nimmt der Faktor anfänglich langsam, bei niedrigem Kohlenstoffgehalt vor allem unter 0,1% C verhältnismäßig schnell zu. Bei den Molybdän-Vanadin-Stählen liegen die Verhältnisse ähnlich.

Im Zusammenhang mit anderen Untersuchungen über den Einfluß des Phosphors wurden auch Dauerstandversuche mit phosphorhaltigem Stahl durchgeführt, und zwar wurden einem Stahl mit etwa 0,18% C, 1% Cr, 1% Mo und 0,5% V nach Tafel 3 wechselnde Mengen von Phosphor zugegeben. Dem Bild 15 ist zu

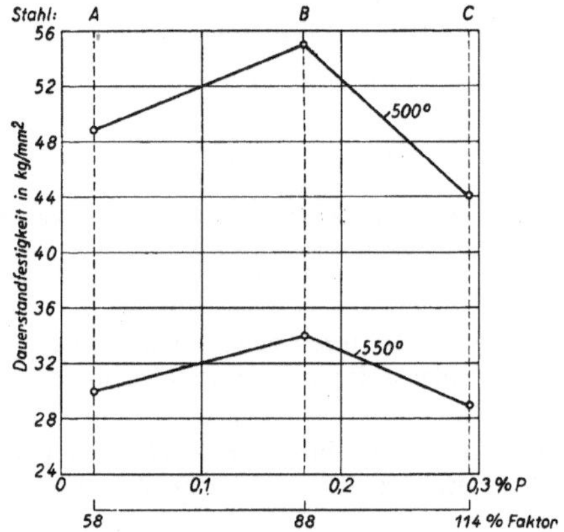

Bild 15. Einfluß des Phosphors auf die Dauerstandfestigkeit eines Chrom-Molybdän-Vanadin-Stahles.

entnehmen, daß der abgeglichene Stahl A mit dem Faktor M = 88 höhere Werte für die Dauerstandfestigkeit zeigt als der unterlegierte mit dem Faktor M = 58 und der überlegierte mit dem Faktor M = 114. Hierdurch wird die Untersuchung von H. C. Groß und D. E. Krause[17]), die eine Verbesserung der Dauerstandfestigkeit durch Phosphor fanden, zum Teil bestätigt. Phosphor erhöht in vergüteten Stählen die Dauerstandfestigkeit, bis die Grenze des γ-Gebietes annähernd erreicht ist bzw. bis der Faktor bei etwa M = 80 bis 90 liegt. Durch diese phosphorhaltige Stahlreihe ist auch zugleich gezeigt, daß bei genügend hohem Kohlenstoffgehalt der Höchstwert für die Dauerstandfestigkeit bei dem theoretisch vorhergesagten Wert des Abgleichfaktors liegt.

Tafel 3.

Chemische Zusammensetzung und Dauerstandfestigkeit verschiedener abgeglichener Stähle.

Stahl	Chemische Zusammensetzung in %						Dauerstandfestigkeit kg/mm²	
	C	Si	P	Cr	Mo	V	σ_D 500°	σ_D 550°
A	0,18	0,41	0,024	1,18	0,90	0,49	49	30
B	0,19	0,39	0,174	1,14	0,96	0,49	55	34
C	0,19	0,43	0,294	0,94	0,99	0,50	44	29

Tafel 4.

Chemische Zusammensetzung und Dauerstandfestigkeit verschiedener abgeglichener Stähle.

Stahl Nr.	Chemische Zusammensetzung in %							Dauerstandfestigkeit kg/mm²	
	C	Si	Mn	Cr	Mo	V	Al	σ_D 500°	σ_D 550°
1	0,10	0,98	0,35	2,60	0,42	—	0,33	—	16
2	0,16	0,80	0,50	1,50	1,35	0,60	—	—	35
3	0,20	0,95	0,44	1,66	1,67	0,65	—	55	35
4	0,15	0,47	0,20	2,03	1,12	0,81	—	60	45

In der Tafel 4 sind noch die Analysen einiger auf Grund der Regel entwickelter abgeglichener Stähle und die mit ihnen erzielten Dauerstandfestigkeiten angeführt. Bei der Wärmebehandlung dieser Stähle ist darauf Rücksicht zu nehmen, daß sie in den meisten Fällen Sonderkarbide — insbesondere Vanadinkarbide — enthalten, die oft nur bei erhöhten Temperaturen in Lösung gehen[18]). Deshalb müssen diese Stähle in der Regel von einer besonders hohen Temperatur abgeschreckt werden, die noch höher liegt als die eigentlichen Umwandlungstemperaturen, ohne daß zu starke Grobkörnigkeit des Gefüges zu befürchten wäre. Beim Anlassen der sonderkarbidhaltigen Stähle ist darauf zu achten, daß diese bei 550 bis 600° Anlaßtemperatur starke Ausscheidungshärtung zeigen. Diese Anlaßtemperatur muß überschritten werden, um für den praktischen Gebrauch ausreichende Kerbschlagwerte zu erreichen.

Wie stark die Wärmebehandlung das Gefüge und die Dauerstandfestigkeit abgeglichener Stähle beeinflußt, wird in folgendem gezeigt:

C   Si   Mn   Cr   Mo   Al
0,10   0,98   0,35   2,60   0,42   0,33 %

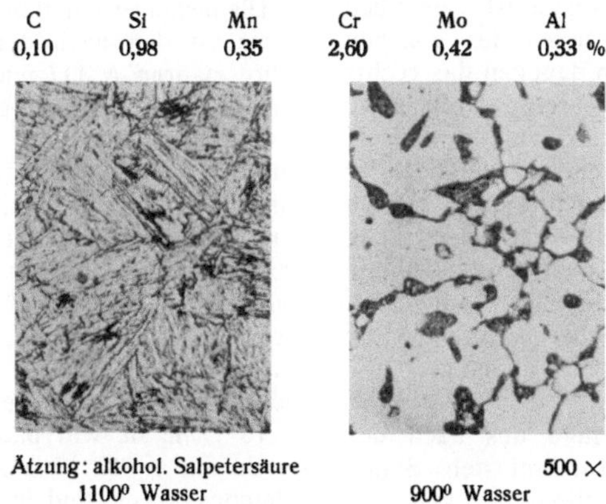

Ätzung: alkohol. Salpetersäure   500 ×
1100° Wasser   900° Wasser

Bild 16.   Abgeglichener Stahl nach richtiger und falscher Wärmebehandlung.

Tafel 5.

Festigkeitseigenschaften eines abgeglichenen Stahles in Abhängigkeit von der Wärmebehandlung.

Wärmebehandlung	Zugfestigkeit kg/mm²	Kerbschlagzähigkeit mkg/cm² bei + 20°	Dauerstandfestigkeit kg/mm² bei 550°
1100° Wasser, 675° Luft	111	2,5	33
950° Wasser, 675° Luft	105	16,0	35
900° Wasser, 675° Luft	92	5,0	22

C	Si	Mn	Cr	Mo	V
0,16	0,80	0,50	1,50	1,35	0,60 %

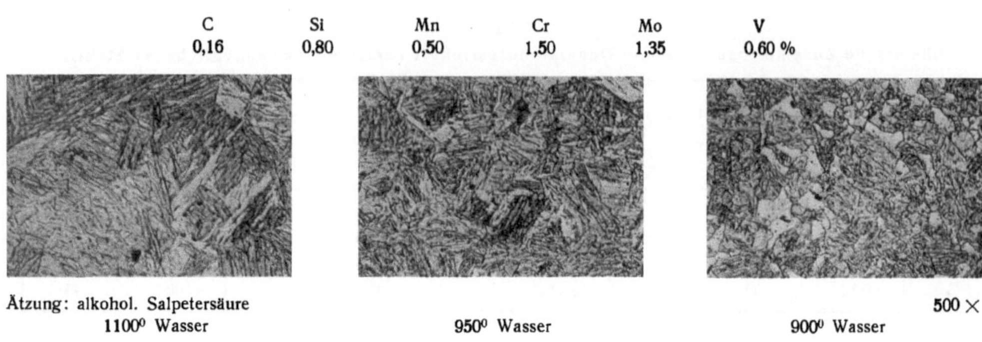

Ätzung: alkohol. Salpetersäure   500 ✕
    1100⁰ Wasser   950⁰ Wasser   900⁰ Wasser

Bild 17. Abgeglichener hochwarmfester Stahl nach verschiedener Wärmebehandlung.

Bild 16 zeigt links das Gefüge des warmfesten Stahles Nr. 1 der Tafel 4 nach richtiger Wärmebehandlung, die Abschrecktemperatur betrug 1100⁰, das Gefüge ist einheitlich martensitisch. Ein Abschrecken des gleichen Stahles von nur 900⁰ ergab dagegen das rechts dargestellte Gefüge, es ist heterogen, die stark vorherrschende Grundmasse ist ferritisch. Neben einzelnen eingeformten Karbiden liegt der Kohlenstoffgehalt zum größten Teil in kleinen Martensitinseln abgebunden vor. Ein derartig entmischtes Gefüge ergab auch eine bedeutend niedrigere Dauerstandfestigkeit, nämlich bei 550⁰ nur 8 kg/mm² gegenüber 16 kg/mm² bei dem vollkommen martensitischen Gefüge.

Bild 17 zeigt das Gefüge des nach der Regel abgeglichenen hochwarmfesten Stahls Nr. 2 der Tafel 4 nach Abschreckung von verschieden hohen Temperaturen. Nach Abschreckung von 1100⁰ in Wasser (Bild links) ist das Gefüge grobkörniger als nach Abschreckung bei 950⁰ (Bild in der Mitte). Auf die Dauerstandfestigkeit (Tafel 5) hatten die unterschiedlichen Härtetemperaturen nur einen geringen Einfluß, jedoch hatte der Stahl mit dem grobkörnigen Gefüge eine niedrigere Kerbschlagzähigkeit als der feinkörnige. Abschreckung bei 900⁰ erfolgte bereits nicht mehr aus dem γ-Feld, sondern aus dem $(\alpha + \gamma)$-Feld, es trat dementsprechend freier Ferrit im Gefüge auf (Bild rechts). Der Stahl war also zu niedrig abgeschreckt. Die Behandlung hatte eine erhebliche Erniedrigung der Dauerstandfestigkeit um 13 kg/mm² zur Folge, wie Tafel 5 zeigt. Der von 950⁰ abgeschreckte und dann auf 675⁰ angelassene Stahl dieser Zusammensetzung hatte beispielsweise bei 550⁰ eine Dauerstandfestigkeit von 35 kg/mm², er erreichte bei Raumtemperatur eine Festigkeit von 105 kg/mm² bei 15% Dehnung (1 = 5 d) und 16 mkg/cm² Kerbschlagzähigkeit (DVM-Probe mit 2 mm Rundkerb).

Die bisher erwähnten Dauerstandfestigkeitswerte wurden nach dem abgekürzten DVM-Prüfverfahren A 117 und A 118 ermittelt, das nur eine 45stündige Versuchsdauer vorsieht. Zur Nachprüfung durch einen Langzeitversuch wurde ein 2500stündiger Dauerstandversuch mit dem abgeglichenen Stahl Nr. 4 der Tafel 4 durchgeführt. Der Stahl wurde ½ Stunde bei 1000⁰ gehalten, dann in Wasser abgeschreckt und 2 Stunden bei 675⁰ angelassen. Die Versuchstemperatur betrug 550⁰, die Belastung war 40 kg/mm². Zwischen der 25. und 35. Versuchsstunde betrug die Dehngeschwindigkeit $5 \cdot 10^{-4}$%/h, sie war nach der 1500. Versuchsstunde auf $1 \cdot 10^{-4}$%/h abgeklungen. Die Zeitdehnungskurven sind in Bild 18 in metrischer und in doppellogarithmischer Darstellung wiedergegeben. Die in metrischer Darstellung gezeigte Kurve ist also eine Parabel; sie verläuft in doppellogarithmischer Darstellung gradlinig und behält ihren gradlinigen Verlauf auch zwischen der 45. bis zur 2500. Versuchsstunde bei.

An dieser Stelle sei ausdrücklich betont, daß das Ziel dieser Untersuchungen zunächst nur darauf abgestellt war, diejenigen Faktoren aufzufinden, welche zur Erstellung hochwarmfester Stähle führten, die neben einer sehr hohen Dauerstandfestigkeit auch noch eine hohe Zähigkeit im Ausgangszustand hatten. Dies bedingt aber nicht immer, daß eine Versprödung bei langzeitiger Betriebsbeanspruchung ausbleibt. Als weiterer Schritt sind daher Versuche eingeleitet, die zur Feststellung und Ausschaltung der den Werkstoff versprödenden Einflüsse beitragen sollen. Hierüber wird später besonders berichtet werden.

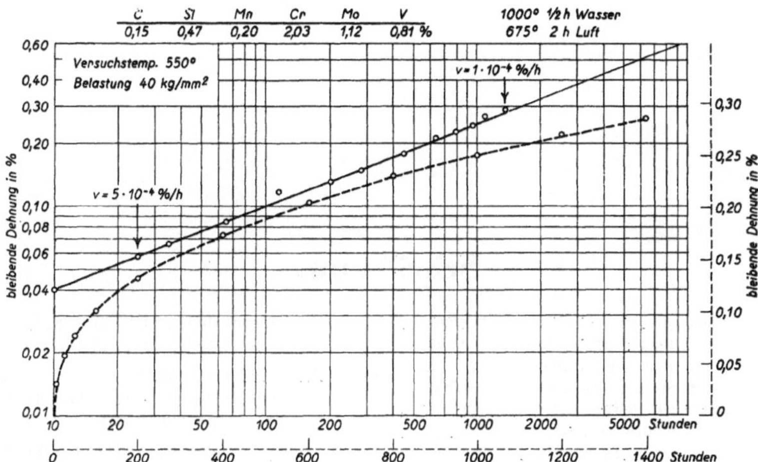

Bild 18. Zeit-Dehnungskurven eines abgeglichenen Chrom-Molybdän-Vanadin-Stahles.

Eine ähnliche Wirkung wie Kohlenstoff üben, wie eingangs ausgeführt, noch eine Reihe weiterer Elemente auf das Gefüge aus. Es ist daher anzunehmen, daß diese Elemente auch in gleicher Weise mit den Legierungselementen mit abgeschnürtem γ-Feld in Wechselwirkung stehen, wie der Kohlenstoff. In Stichproben wurde dies nachgewiesen für das Legierungselement Nickel. Die eingehende Untersuchung dieser Frage bleibt einer weiteren Arbeit vorbehalten.

Abschließend darf festgestellt werden, daß es mit Hilfe der Abgleichregel möglich ist, in einfacher Weise den Gehalt eines Stahls an Legierungselementen so abzustimmen, daß ein Höchstwert für die Dauerstandfestigkeit erreicht wird. Zu beachten ist, daß naturgemäß jedes der besprochenen Legierungselemente, auch die mit abgeschnürtem γ-Feld, noch seine ihm eigentümlichen Wirkungen hat, z. B. Neigung zur Karbidbildung, Erhöhung der Anlaßsprödigkeit, Vergrößerung der Zähigkeit, Verminderung der Korngröße usw., ferner, daß ihr Einfluß auf die Dauerstandfestigkeit sich dem Grade nach ganz erheblich voneinander unterscheidet. Man wird also beispielsweise von Silizium nicht die gleiche Erhöhung der Dauerstandfestigkeit erwarten dürfen wie von Molybdän oder Vanadin. Trotzdem dürften die gegebenen Darlegungen beachtliche Grundlagen für weitere Arbeiten darstellen.

Folgende Gesichtspunkte scheinen nach allen Ergebnissen sicher zu sein:

1. Die Dauerstandfestigkeit vergüteter Stähle kann oberhalb etwa 450° in der Hauptsache durch die das γ-Feld im binären System mit Eisen abschnürenden Legierungsbestandteile beeinflußt werden. Die Einstellung ihrer Zusammensetzung zur Erzielung höchster Dauerstandfestigkeit kann nach einer aus den Zustandsschaubildern abgeleiteten Regel erfolgen, bei der sich für einen bestimmten Kohlenstoffgehalt ein Höchstwert der oberen Umwandlungstemperatur ergibt.

2. Eine unwirtschaftliche Überlegierung von Stählen kann durch Benutzung dieser Regel vermieden werden.

3. Die Menge der verwendeten Legierungsbestandteile wird sich bei ihrer Anwendung im günstigsten Maße nach dem jeweiligen Verwendungszweck abstimmen lassen, da die Regel innerhalb bestimmter Grenzen den Austausch billigerer gegenüber teueren Legierungselementen ermöglicht, ohne die erreichten Festigkeitseigenschaften wesentlich absinken zu lassen.

4. Bei gleichzeitiger Beobachtung des Feingefüges läßt sich die für eine Stahllegierung geeignetste Wärmebehandlung mit großer Sicherheit auffinden.

Schrifttum.

1) P. Grün: „Über die im abgekürzten Verfahren ermittelte Dauerstandfestigkeit von Stählen in Abhängigkeit von verschiedenen Legierungszusätzen und von der Wärmebehandlung, sowie ein Beitrag zur Frage des Dehnverhaltens niedrig legierter Stähle". Mitt. Forsch.-Inst. Ver. Stahlwerke, Dortmund, 4 (1934) S. 113/60. Arch. Eisenhüttenwes. 8 (1934/35) S. 205/11.

2) C. L. Clark und A. E. White: „Dauerstandfestigkeitseigenschaften von Metallen". Trans. Amer. Soc. f. Metals 24 (1936) S. 831/69.

3) E. Houdremont und V. Ehmke: „Warmfeste Stähle". St. u. E. 49 (1929) S. 1265.

4) F. Wever: „Der Einfluß der Legierungselemente auf die polymorphen Umwandlungen des Eisens". Mitt. Kais.-Wilh.-Inst. f. Eisenforschg. 13 (1931) S. 183/86.

5) A. Kriz und F. Poboril: „Beitrag zum System Eisen-Kohlenstoff-Silizium". St. u. E. 50 (1930) S. 1725/27.

6) W. Holtmann: „Der Einfluß von Vanadin, Molybdän, Silizium und Kohlenstoff auf die Festigkeitseigenschaften, insbesondere die Dauerstandfestigkeit vergüteter Stähle". Mitt. Kohle- u. Eisenforschg. Dortmund, 3 (1941) S. 1/46.

7) R. Vogel: „Über das System Eisen-Phosphor-Kohlenstoff". Arch. Eisenhüttenwes. 3 (1929/1930) S. 369/81.

8) C. H. Lorig und D. E. Krause: „Phosphor als Legierungselement in niedrig legierten Stählen mit niedrigem Kohlenstoffgehalt". Met. and All. 7 (1936) S. 9/13.

9) F. Wever und A. Müller: „Über die Zweistoffsysteme Eisen-Bor, Eisen-Beryllium und Eisen-Aluminium". Mitt. Kais.-Wilh.-Inst. f. Eisenforschg. 11 (1929) S. 193/223.

10) K. Löhberg und W. Schmidt: „Die Eisenecke des Systems Eisen-Aluminium-Kohlenstoff". Arch. Eisenhüttenwes. 11 (1937/38) S. 607/14.

11) H. Hougardy: „Die Vanadinstähle". P. u. G. Gärtner, Berlin 1934.

12) E. Houdremont und H. Schrader: „Die Wirkung von Molybdän im Kohlenstoff-Stahl im Vergleich zu anderen karbidbildenden Elementen". Techn. Mitt. Krupp 2 (1939) S. 23/46.

13) W. Baukloh und K. Gehlen: „Die Löslichkeit von Wasserstoff in Eisen-Wolfram-Legierungen". Arch. Eisenhüttenwes. 12 (1938/39) S. 39/40.

14) W. Tofaute, A. Sponheuer und H. Bennek: „Umwandlungs-, Härtungs- und Anlaßvorgänge in Stählen". Arch. Eisenhüttenwes. 8 (1934/35) S. 499/506.

15) A. Merz: „Der Einfluß der Legierungselemente auf die kritischen Punkte von Kohlenstoff-Stahl". Arch. Eisenhüttenwes. 3 (1930) S. 587/596.

16) F. Wever und A. Heinzel: „Zwei Beispiele von Dreistoffsystemen des Eisens mit geschlossenem γ-Raum". Mitt. Kais.-Wilh.-Inst. f. Eisenforschg. 13 (1931) S. 193/97.

17) H. C. Cross und D. E. Krause: „Phosphor als Legierungselement". Met. and All. 8 (1937) S. 53/58.

18) E. Houdremont, H. Bennek und H. Schrader: „Härtbarkeit und Anlaßbeständigkeit von Stählen mit schwerlöslichen Sonderkarbiden". Arch. Eisenhüttenwes. 6 (1932/33) S. 24/34.